Eva Lübbe

Mathematik für Bauberufe

Bibliografische Information der Deutschen Nationalbibliothek:
Die Deutsche Nationalbibliothek verzeichnet diese Publikation in der Deutschen Nationalbibliografie; detaillierte bibliografische Daten sind im Internet über <http://dnb.dnb.de> abrufbar.

aktualisierte Ausgabe 2023
1. Auflage 2009 Verlag Vieweg & Teubner
2. Auflage Verlag Europa-Lehrmittel
3. Auflage tredition 2020

© 2023 Eva Lübbe

EvaLuebbe@aol.com

Verlag & Druck: tredition GmbH, Halenreie 40-44, 22359 Hamburg

ISBN 978-3-347-02187-7 (Paperback)
ISBN 978-3-347-02188-4 (e-book)

Vorwort zur vierten Auflage

Dieses Buch vermittelt den Auszubildenden aller Bauberufe das mathematisch-technische Grundwissen.

Im ersten Kapitel werden die Kenntnisse aus der Schulmathematik aufgefrischt.

Die weiteren Kapitel sind in Anlehnung an die Lernfelder aufgebaut. Damit kann die behandelte Mathematik sofort angewendet werden.

Das Buch ist in folgende Kapitel gegliedert:

- Mathematische Grundlagen
- Einrichten einer Baustelle
- Erschließen und Gründen eines Bauwerks
- Mauerwerk
- Wärme und Wärmeschutz
- Beton

Zu allen Themen gibt es vorgerechnete Beispiele und Übungsaufgaben. Die Lösungen der Übungsaufgaben können im Anhang nachgeschlagen werden. Dadurch ist das Buch auch gut zum Selbststudium geeignet.

Das Buch wurde im Auftrag des Verlages Vieweg & Teubner geschrieben unter Nutzung zahlreicher Aufgaben und Abbildungen der Altautoren R. Cremmer und F. Dippel und erschien dort 2009. Die zweite Auflage wurde vom Verlag Europa Lehrmittel herausgegeben, der das Buch vom Verlag Vieweg & Teubner übernommmen hat.

Das Thema Wärmeschutz erforderte eine Überarbeitung. Bei der Neuauflage wurden die Aufgaben und Tabellen an die gültige Energieeinsparverordnung 2014/2016 sowie an den aktuellen Mindestwärmeschutz nach DIN 4108-2: 2013 angepasst.

Leipzig, im August 2023   Eva Lübbe

Inhaltsverzeichnis

Anhang

1 Mathematische Grundlagen

1.1 Zahlen und Zahlensysteme

Zahlen werden durch einzelne Ziffern dargestellt. Die Zahl 23 besteht aus den Ziffern 2 und 3. Die Zahlensysteme unterscheiden sich danach, ob den Ziffern ein Stellenwert zuzuordnen ist oder nicht. Zahlensysteme ohne Stellenwert bezeichnet man als Additionssysteme, Zahlensysteme mit Stellenwert bezeichnet man als Positionssysteme. Unser übliches Dezimalsystem ist ein Positionssystem, d. h. die Stelle an der eine Ziffer steht, hat eine Bedeutung. Das Dezimalsystem hat als Basis die Zehn. Wenn wir z. B. die Zahl 218 schreiben, verstehen wir darunter eine Addition von

$$2 \cdot 100 + 1 \cdot 10 + 8 = 2 \cdot 10^2 + 1 \cdot 10^1 + 8 \cdot 10^0 = 218$$

Wir kennen auch Additionssysteme aus dem Alltag:

Aus der Gaststätte kennen wir die Strichdarstellung von Zahlen:

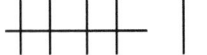

Die Addition der Striche ergibt die Zahl 6.

Auch die römischen Ziffern stellen ein Additionssystem dar.

	I	V	X	L	C	D	M
Bedeutung:	1	5	10	50	100	500	1000

Man muss bei den römischen Ziffern beachten, dass ein Buchstabe mit einer Bedeutung, die kleiner als die Bedeutung des folgenden ist, nicht zu addieren sondern zu subtrahieren ist.

Beispiele

MCM bedeutet 1000-100+1000= 1900

MCMlXXXVII = 1000-100+1000+50+10+10+10+5+1+1= 1987

Man teilt die Zahlen ein in natürliche, ganze, rationale und irrationale Zahlen.

0, 1; 2; 3;... sind natürliche Zahlen.

...–3; –2; –1; 0, 1; 2; 3;... sind ganze Zahlen.

Unter rationalen Zahlen versteht man alle vorstellbaren Zahlen. Endliche und unendliche periodische Zahlen sind rationale Zahlen. Diese Zahlen sind auch als Bruch darstellbar.

Beispiele

1,25 = 5/4

0,333333......= 1/3

Nichtperiodische unendliche Zahlen sind irrational, nicht vorstellbar. Zu diesen Zahlen gehört die Zahl $\pi = 3,141592654.....$

1.2 Grundrechenarten

1.2.1 Addition und Subtraktion

Addition und Subtraktion bezeichnet man auch als Strichrechnen.

Addieren. Zwei oder mehr durch ein Pluszeichen verbundene Zahlen bezeichnet man als Summe. Ihre einzelnen Zahlen heißen Summanden. Die Reihenfolge der Summanden hat auf das Ergebnis der Summe keinen Einfluss, d. h. sie können vertauscht werden.

Beispiel

$$7 + 2 = 9$$
$$a + b = c$$

Summand + Summand = Summe

Beim schriftlichen Rechnen schreiben wir die Summanden genau untereinander. Bei Dezimalzahlen Komma unter Komma.

Beispiele

```
   232              18,14 m
 +  17            +  4,28 m
 + 981            + 132,07 m
 ────             ──────────
  1230             154,49 m
```

Wir können nur Größen gleicher Maßeinheit addieren.

Auf- und Abrunden. Zahlen werden sinnvoll gerundet. Z. B. gibt man bei der Maßeinheit € nie mehr als zwei Ziffern nach dem Komma an. Ergeben sich bei einer Rechnung mehr Ziffern als erforderlich, so wird auf- oder abgerundet. Steht rechts neben der Dezimalstelle, auf die gerundet werden soll, eine der Ziffern 0 bis 4, wird abgerundet; steht dort eine der Ziffern 5 bis 9 wird aufgerundet.

Beispiele

7,4807 € ⟶ 7,48 €

7,485 € ⟶ 7,49 €

Beim Runden achtet man darauf, keine größere Genauigkeit vorzutäuschen, als den Messwerten zugrunde liegt. Wurden Längen z. B. zentimetergenau, d. h. mit zwei Kommastellen gemessen und man rechnet mit diesen Längen, so wird das Ergebnis der Rechnung ebenfalls mit zwei Kommastellen angegeben.

Meter werden meist mit zwei Stellen, Kilogramm mit drei Stellen nach dem Komma angegeben.

Eine bereits gerundete Zahl sollte man nicht noch einmal runden. Es kann bei der Ziffer 5 zu Ungenauigkeiten kommen:

1,845 m ergibt gerundet 1,85 m. Würde man jetzt noch einmal runden, ergäbe sich 1,9 m und das wäre falsch.

Aufgaben

1. Schreiben Sie untereinander und addieren Sie.

a) 2417
   34
   112
   8

b) 1241 m
   314 m
   42 m
   14396 m
   8 m

c) 0,57 m²
   3416 m²
   196,39 m²
   18,17 m²
   0,43 m²

d) 187,716
   0,44
   16,071
   27,004

2. Addieren Sie und runden Sie das Ergebnis

a) auf ein Zehntel
   345,080 m
   17,342 m
   2,190 m
   68,772 m

b) auf Hundertstel
   128,3523
   25,4955
   347,0895
   14,65586

3. Der Werkstattwagen einer Baufirma hat in einer Woche 64,5 km, 106,72 km, 121 km und 34,72 km zurückgelegt. Wie viel km ist der Wagen gefahren?

4. Die Endabrechnung einer Baustelle ergibt folgende Einzelsummen: Erdarbeiten 24362,50 €, Rohrverlegung 3781,72 €, Bodenabfuhr 212,80 € Pflasterarbeiten 9624,11 €. Berechnen Sie die Gesamtsumme.

Beim Subtrahieren (Abziehen) sind zwei oder mehr Zahlen durch ein Minuszeichen miteinander verbunden.

Beispiel   20 – 6 = 14

  a – b = c

Minuend - Subtrahend = Differenz

Ist der Subtrahend größer als der Minuend, so erhält die Differenz ein negatives Vorzeichen.

Wie bei der Addition sind auch hier die Zahlen (Minuend und Subtrahenden) genau untereinander zu schreiben.

Bei mehreren Subtrahenden empfiehlt es sich, diese zuerst zu addieren und anschließend die Summe der Subtrahenden vom Minuend abzuziehen.

Aufgaben

5. Bei einem Wohnhaus mit 129,00 m² Wohnfläche soll das Wohnzimmer mit Teppichboden ausgelegt werden. Das Wohnzimmer ist 32,42 m² groß. Die Schlafräume mit insgesamt 48,17 m² erhalten Kunststoffboden. Alle übrigen Räume werden mit Fliesen ausgelegt. Wie viel m² Fliesen müssen verlegt werden?

6. Nach Abzug von Steuern und Sozialversicherungsbeiträgen bekommt ein Auszubildender 580,60 € ausbezahlt. Von diesem Betrag gibt er aus: 250 € für Kost und Verpflegung bei den Eltern, 115,20 € für Kleidung, 47,85 € für Schallplatten. Wie viel € hat er für den Monat noch zur Verfügung?

1.2.2 Multiplikation und Division

Multiplizieren und Dividieren bezeichnet man auch als Punktrechnen.

Multiplizieren heißt, zwei oder mehr Zahlen (Faktoren), die mit einem Multiplikationszeichen verbunden sind, miteinander malnehmen. Das Ergebnis heißt Produkt.

Beispiel   4 · 7 = 28

  a · b = c

Faktor · Faktor = Produkt

In technischen Rechnungen und beim Taschenrechner wird als Malzeichen auch ein × verwendet (4 × 7 = 28). Bei Gleichungen mit der Unbekannten x ist ein Verwechseln mit dem Zeichen × zu vermeiden.

Bei einem Produkt dürfen die Faktoren beliebig vertauscht werden. Vertauschen bringt oft Rechenvorteile. Für schriftliche Berechnungen ist es günstiger, den größeren Faktor an den Anfang zu stellen.

Beispiel:

4816 · 242	statt	242 · 4816
9632		1452
19264		242
9632		1936
1165472		968
		1165472

Beim Multiplizieren mit Dezimalzahlen wie 10, 1000, 1000 usw. wird das Komma um 1, 2, 3 usw. Stellen nach rechts gesetzt.

Beim Multiplizieren von Dezimalzahlen miteinander oder mit einer ganzen Zahl werden im Produkt so viele Stellen vom Ende aus nach links abgestrichen, wie beide Faktoren zusammen hinter dem Komma aufweisen.

Beispiele: $14{,}362 \cdot 0{,}24 = 3{,}44688$ $162 \cdot 0{,}83 = 134{,}46$

$3 + 2 = 5$ $0 + 2 = 2$

Aufgaben

7. a) $32 \cdot 16$

   b) $144 \cdot 34$

   c) $29 \cdot 411$

9. a) $0{,}314 \cdot 100$

   b) $0{,}00716 \cdot 10$

   c) $1000 \cdot 0{,}053$

8. a) $972 \cdot 2{,}24$

   b) $13{,}2 \cdot 34{,}44$

   c) $86 \cdot 23{,}732$

10. a) $8{,}24 \, l \cdot 34$

    b) $14{,}335 \, l \cdot 5$

    c) $107{,}21 \, m \cdot 233$

11. Für 1 m² Wand (24 cm dick) werden 132 Steine und 68 l Mörtel gebraucht. Berechnen Sie den Bedarf an Steinen und Mörtel für 34,52 m² Wand.

12. 1 m² Wärmedämmung kostet 16,30 €. Was kosten 132,72 m²?

13. Der Bruttostundenlohn eines Facharbeiters beträgt 13,30 €. Berechnen Sie den Bruttowochenlohn von 5 Arbeitstagen mit je 8 Arbeitsstunden.

Dividieren heißt teilen. Die zu teilende Zahl (Dividend) wird durch den Teiler (Divisor) geteilt. Das Ergebnis ist der Quotient. Die Division ist die Umkehrung der Multiplikation. Deshalb kann als Proberechnung der Division die Multiplikation (und umgekehrt) verwendet werden.

Beispiel

$$345 \quad : \quad 5 \quad = \quad 69$$

$$a \quad : \quad b \quad = \quad c$$

$$\text{Dividend} \quad : \text{Divisor} = \text{Quotient}$$

Probe: $\quad 345 \ = \ 5 \quad \cdot \quad 69$

$$\frac{\text{Divident (Zähler)}}{\text{Divisor (Nenner)}} = \frac{345}{5} = 69 \text{ (Quotient)}$$

Dividend und Divisor dürfen nicht vertauscht werden.

Eine Division durch 0 (Null) ist nicht möglich.

Häufig wird für die Division die Bruchschreibweise verwendet.

Beim Teilen durch 10, 100, 1000 wird das Komma um 1, 2, 3 usw. Stellen nach links gesetzt. Fehlende Stellen werden durch Nullen aufgefüllt.

Beispiele

$$235{,}48 \text{ m} : \quad 10 \ = 23{,}548 \text{ m, gerundet} \approx 23{,}55 \text{ m}$$

$$235{,}48 \text{ m} : \quad 100 = 23{,}548 \text{ m, gerundet} \approx 2{,}35 \text{ m}$$

$$235{,}48 \text{ m} :1000 = 23{,}548 \text{ m, gerundet} \approx 0{,}24 \text{ m}$$

Beim Dividieren wird im Quotient ein Komma gesetzt, wenn bei ganzen Zahlen die Einer oder bei Dezimalzahlen das Komma überschritten wird.

Beispiele

```
268  :  5  = 53,6          43,10  :  5  =  8,62
25            ↑            40              ↑
18            |            31              |
15 ── Komma ──┘            30 ── Komma ──┘
 30                        10
 30                        10
 0 (ohne Rest)             0 (ohne Rest)
```

Der Divisor soll, wenn schriftlich geteilt wird, kein Komma haben. Ist er ein Dezimalbruch, multiplizieren (erweitern) wir Dividend und Divisor mit 10 oder einem Vielfachen von 10.

Aufgaben

14. Rechnen Sie auf 4 Stellen nach dem Komma.

    a) 6,84 : 16

    b) 1147 : 36

    c) 67,036 : 114

15. Rechnen Sie mit Probe aus.   16. a) 210 : 0,7

    a) 3416 m : 8   b) 108,80 : 3,2

    b) 14,31 cm : 9   c) 364,72 : 4,85

    c) 247,17 cm² : 3

17. Ein Grundstück von 1803 m² soll unter drei Bauherren aufgeteilt werden. Wie groß ist ein Teilgrundstück?

18. 208 m³ Boden sollen abgefahren werden. Ein Lkw lädt 6,5 m³. Wie oft muss er fahren?

19. Welcher Quotient ist größer 28 : 7 oder 280 : 0,7 ?

20. Wie groß ist der Divisor?

    a) 80 : ? = 160

    b) 0,54 : ? = 9

Mehrere Divisoren. Es können bei Berechnungen auch mehrere Divisoren auftreten. In diesem Fall werden sie zusammengezogen und als Faktoren geschrieben.

Beispiel

         306 : 2 : 17   Oder auf dem Bruchstrich:

         306 : (2 · 17)

         306 : 34 = 9

$$\frac{306}{2 \cdot 17} = 9 \qquad \text{Probe:} \qquad 9 \cdot 17 \cdot 2 = 306$$

Aufgaben

21. $\dfrac{66}{3 \cdot 5}$ 23. $\dfrac{213m}{3 \cdot 14,20}$

22. 1620 : 3 : 12   24. $\dfrac{488,20 l}{4 \cdot 7}$

25. Teilen Sie die Hälfte von 528 durch 3.

26. Zwei Maurer verbrauchen für je 10 m² Putz in 6,5 Std. 340 l Mörtel. Wie viel Liter Mörtel verarbeitet ein Maurer für 1 m²?

27. Ein Facharbeiter verdient in einer 5-Tage -Woche 616 € mit je 8 Std. Arbeitszeit. Wie hoch ist sein Stundenlohn?

Punktrechnung vor Strichrechnung. Subtrahieren und Addieren sind Strichrechnungen, Multiplizieren und Dividieren Punktrechnungen. Multiplikation und Division lassen sich auf Addition und Subtraktion zurückführen, d. h. sie sind höhere Rechenarten. Deshalb halten wir als Regel fest:

Punktrechnung geht vor Strichrechnung.

Bei Multiplikation und Division sind folgende Vorzeichenregeln zu beachten.

Produktenregeln

plus mal plus ergibt plus

$(+) \cdot (+) = (+)$

plus mal minus ergibt minus

$(+) \cdot (-) = (-)$

minus mal plus ergibt minus

$(-) \cdot (+) = (-)$

minus mal minus ergibt plus

$(-) \cdot (-) = (+)$

Quotientenregeln

plus durch plus ergibt plus

$(+) : (+) = (+)$

plus durch minus ergibt minus

$(+) : (-) = (-)$

minus durch plus ergibt minus

$(-) : (+) = (-)$

minus durch minus ergibt plus

$(-) : (-) = (+)$

Rechnen mit Klammern. Stehen Rechenoperationen in Klammern, so bedeutet das, dass die in der Klammer stehende Rechnung zuerst ausgeführt werden soll.

Steht ein Multiplikationszeichen vor oder hinter einer Klammer, so darf es weggelassen werden.

Beispiel $(6 + 2) \cdot 3 = (6 + 2) \, 3 = 8 \cdot 3 = 24$

In einer Rechnung, in der nur Addition und Subtraktion vorkommen, ist eine Klammer überflüssig und kann aufgelöst werden. Beim Auflösen einer Klammer, vor der ein Minuszeichen steht, ändert sich jedes Vorzeichen in der Klammer.

Beispiel

$350 - (100 - 4) = 350 - 100 + 4 = 254$

Aufgaben

28. a) $4 \, (54 - 9)$

   b) $(36 + 14) \, 5$

   c) $(18 + 7) \, 2$

29. a) $28 - 4 \cdot 1,10$

   b) $5 \cdot 2,50 + 45,00$

   c) $(2,10 + 1,90) \cdot 3$

   d) $6,00 \, (14,10 \, € - 2,00 \, €)$

1.3 Potenzen und Wurzeln

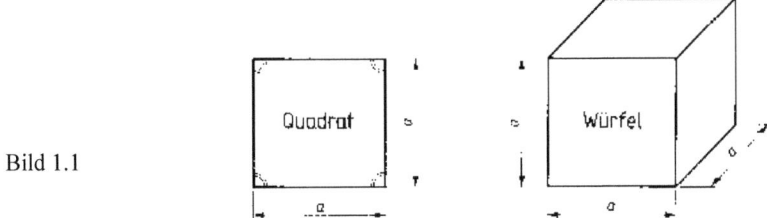

Bild 1.1

Als Potenzieren bezeichnet man die Multiplikation gleicher Faktoren. Eine solche Multiplikation tritt z. B. bei der Berechnung eines Quadrates oder eines Würfels auf:

Flächeninhalt Quadrat $\quad A = a \cdot a = a^2$

Volumen Würfel $\qquad V = a \cdot a \cdot a = a^3$

Die hochgeschriebene Zahl (Hochzahl) nennen wir Exponent. Er gibt an, wie oft die Basis (Grundzahl) mit sich selbst malgenommen werden soll. Das Ergebnis ist der Potenzwert.

Eine Potenz ist die abgekürzte Schreibweise für das Produkt gleicher Faktoren.

Das Radizieren (Wurzelziehen) ist eine Umkehrung des Potenzierens.

$$\sqrt[2]{16} = \sqrt{16} = 4$$

Dabei bedeutet:

2   Wurzelexponent

16 Radikant

4   Basis

Man spricht: Zweite Wurzel (Quadratwurzel) aus 16 ist gleich 4. Bei der zweiten Wurzel kann man auch nur „Wurzel" sagen.

Beispiel 1 Gegeben: Fläche eines Quadrates $A = 36\ m^2$

gesucht: Seitenlänge des Quadrats a

$$A = \sqrt{36\ m^2} = 6\ m$$

Formel: $\quad A = a^2$

Probe: $\ 6\ m \cdot 6\ m = 36\ m^2$

10

Beispiel 2 Gegeben: Volumen eines Würfels V= 125 m³

Gesucht: Seitenlänge des Würfels a

Formel: $V = a^3$

$$a = \sqrt[3]{V} = \sqrt[3]{125\,cm^3} = 5\,cm$$

Probe: 5 cm · 5 cm · 5c m = 125 m³

1.4 Taschenrechner

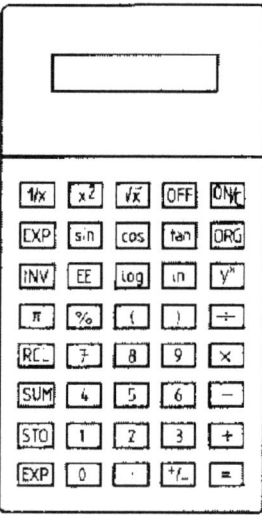

Bild 1.2 Taschenrechner

Die Mehrzahl der rechnerischen Aufgaben wird heute mittels Taschenrechner gelöst. Auf Grund der Vielzahl der Taschenrechnermodelle ist es schwierig, eine allgemeingültige Bedienungsanweisung zu geben. Im Bedarfsfall kann es erforderlich sein, die spezielle Bedienungsanleitung mit zu nutzen.

Es sollen hier nur die Grundfunktionen des Taschenrechners erläutert werden, die für die Aufgaben auf dem Bau von Bedeutung sind. Auf die Winkelfunktionen wird später eingegangen

Man sollte zu Anfang der Arbeit mit dem Taschenrechner mit einer einfachen Aufgabe prüfen, ob der Rechner, die Regel „Punktrechnung geht vor Strichrechnung" beherrscht:

Beispiel

5 + 3· 4 = 17

Falls der Rechner diese Aufgabe nicht richtig rechnet, muss man selbst daran denken, die Aufgabe so einzugeben, dass der Rechner richtig rechnet. Im Beispiel müsste man entweder eingeben

3· 4 + 5 oder   5 + (3· 4) .

Funktionen

– 6,83874523	Anzeige	Zahlen meist bis zu 8 Stellen, bei negativen Zahlen Minuszeichen
ON	Einschalter	Kennzeichen in der Anzeige ist die Zahl „0". Rechenspeicher ist vollständig gelöscht.
AC	Löschtaste	Betätigung löscht Eingabe bzw. Rechenergebnis.

CE/C	Korrekturtaste	Die Betätigung dieser Taste löscht die zuletzt eingegebene Zahl, damit eine falsche Eingabe korrigiert werden kann.
OFF	Ausschalter	Stromversorgung wird unterbrochen.
0 bis 9	Zifferntasten	Eingabe der Ziffern von 0 bis 9
,	Kommataste	Eingabe des Dezimalkommas
+/−	Vorzeichenwechsel	Betätigung nach einer Zahleneingabe oder Rechnung ändert das Vorzeichen der angezeigten Zahl.
+	Additionstaste	Sie weist den Rechner an, zu der angezeigten Zahl die anschließend eingegebene Zahl zu addieren.
−	Subtraktionstaste	Sie weist den Rechner an, von der angezeigten Zahl die anschließend eingegebene Zahl zu subtrahieren.
×	Multiplikationstaste	Sie weist den Rechner an, die angezeigte Zahl mit der anschließend eingegebenen Zahl zu multiplizieren.
÷	Divisionstaste	Sie weist den Rechner an, die angezeigte Zahl durch die anschließend eingegebene Zahl zu dividieren.
π	π – Taste	Eingabe der Zahl $\pi = 3,1415927...$
=	Gleichheitszeichen	Abschluss einer Rechnung
( )	Klammer	Klammern werden in Form des Rechenansatzes eingegeben.
x^2	Quadrat	bildet das Quadrat des Wertes der Anzeige
$\sqrt{x}$	Quadratwurzel	bildet die Quadratwurzel des Wertes der Anzeige
$1/x$	Reziprokwert	bildet den Kehrwert der Anzeige.
y^x	Potenzierung	Der angezeigte Wert wird in die x – te Potenz erhoben.

Speicheranwendungen

STO / M_{in}	Speichereingabe	Der angezeigte Wert wird in den Speicher eingegeben, ein vorher vorhandener Wert überschrieben.
M+	Addition zum Speicherinhalt	Der angezeigte Wert wird zum Speicherinhalt addiert.
M−	Subtraktion vom Speicherinhalt	Der angezeigte Wert wird vom Speicherinhalt abgezogen.
RCL/MR/RM	Speicherabruftaste	Der im Speicher vorhandene Wert wird zur Anzeige gebracht.
CM/MC	Speicherlöschtaste	Beim Drücken wird der Speicherinhalt gelöscht.

Tabelle 1.1 Anwendung des Taschenrechners für Grundrechenarten

Beispiele	Eingabe	Taste	Anzeige
35,3 + 4,8	35.3 4.8	+ =	35..3 40.1
-15,3 + (-9,4)	15.3 9.4	+/- + +/- =	- 15.3 - 24.7
5,78 · 0,65	5.78 .65	× =	5.78 3.757
$\dfrac{12,8 \cdot (-3,6)}{2,56}$	12.8 3.6 2.56	× +/- ÷ =	12.8 - 46.08 - 18
2,6 · 4,8 + 5,1: 2,5	2.6 4.8 5.1 2.5	× + ÷ =	2.6 12.48 5.1 14.52

Bei der Berechnung der Aufgaben in dieser Tabelle lag ein Taschenrechner vor, der die Regel „Punktrechnung geht vor Strichrechnung" beherrscht.

1.5 Gleichungen und Formeln

1.5.1 Gleichungen

Die meisten Rechenaufgaben sind Gleichungen, ohne dass es erwähnt wird.

Beispiel

$$6 + 5 - 3 = 8$$

Die beiden Seiten links und rechts vom Gleichheitszeichen haben den gleichen Wert.

In dem folgendem Beispiel steht handelt es sich um eine Ungleichung. Links und rechts vom Ungleichheitszeichen steht nicht der gleiche Wert.

Beispiel

$$6 + 5 - 3 \neq 9$$

Eine **Bestimmungsgleichung** stellt man auf, wenn unbekannte Größen zu ermitteln sind. Die unbekannte Zahl oder Größe wird meist mit x bezeichnet.

Beispiel

Eine Mörtelmischung soll mit insgesamt 80 kg Zement hergestellt werden. 25 kg Zement wurden schon in den Mischkübel geschaufelt. Wie viel kg Zement müssen noch hinzugegeben werden? (Bild 1.3)

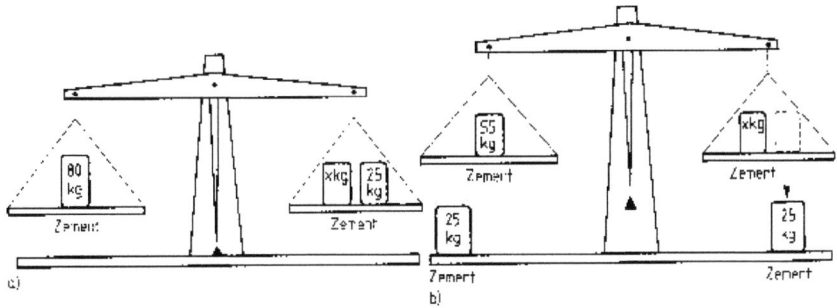

Bild 1.3 a) Bestimmungsgleichung, b) Umstellung

Formeln beinhalten physikalische oder mathematische Zusammenhänge in allgemeiner Form, d.h. es sind spezielle Gleichungen mit Buchstaben. Wir haben oben schon die Formel zur Berechnung der Fläche eines Quadrates und die Formel für das Volumen eines Würfels kennen gelernt.

1.5.2 Gleichungen lösen und Formeln umstellen

Zum Ausrechnen müssen die Gleichungen umgeformt werden. Dazu formen wir die Gleichung so um, dass auf einer Seite die unbekannte Zahl oder Größe steht und auf der anderen Seite die bekannten Zahlen. Üblich ist es, die unbekannte Größe auf die linke Seite zu stellen. Zur Umformung werden auf beiden Seiten stets gleiche Rechnungen durchgeführt (Bild 1.3b).

Beispiel

$$80 \text{ kg} = x + 25 \text{ kg}$$

$$x + 25 \text{ kg} = 80 \text{ kg} \qquad \text{Seiten vertauscht}$$

Um links die 25 kg weg zu bringen, werden auf beiden Seiten 25 kg abgezogen.

$$x + 25 \text{ kg} - 25 \text{ kg} = 80 \text{ kg} - 25 \text{ kg} \qquad | -25 \text{ kg}$$

$$x = 55 \text{ kg}$$

Wir können das Ergebnis durch eine Probe überprüfen. Wir setzen dazu in die Aufgabenstellung anstelle von x die gefundene Lösung ein:

$$80 \text{ kg} = 55 \text{ kg} + 25 \text{ kg}$$

$$80 \text{ kg} = 80 \text{ kg} \text{ (wahre Aussage)}$$

Das heißt, wir haben richtig gerechnet.

Gleichungen mit Summen und Differenzen

Beispiel 1

$$x + 9 = 14 \qquad\qquad \text{Probe} \quad x + 9 = 14$$
$$x + 9 - 9 = 14 - 9 \qquad\qquad\qquad 5 + 9 = 14$$
$$x = 5 \qquad\qquad\qquad\qquad 14 = 14$$

Beispiel 2

$$x - 5 = 18 \qquad\qquad \text{Probe} \quad x - 5 = 18$$
$$x - 5 + 5 = 18 + 5 \qquad\qquad\qquad 23 - 5 = 18$$
$$x = 23 \qquad\qquad\qquad\qquad 18 = 18$$

Muss eine Zahl, die addiert wird, auf einer Seite der Gleichung beseitigt werden, wird sie auf beiden Seiten der Gleichung subtrahiert.

Muss eine Zahl, die subtrahiert wird, auf einer Seite der Gleichung beseitigt werden, wird sie auf beiden Seiten der Gleichung addiert.

Gleichungen mit Produkten und Quotienten

Beispiel 1 $\qquad 4 \cdot x = 28 \qquad\qquad \text{Probe} \quad 4 \cdot x = 28$

$$\frac{4 \cdot x}{4} = \frac{28}{4} \qquad\qquad\qquad 4 \cdot 7 = 28$$
$$x = 7 \qquad\qquad\qquad\qquad 28 = 28$$

Beispiel 2

$$6(x + 2 d) = 55 d - 7d \qquad\qquad \text{Probe} \quad 6(x + 2 d) = 55 d - 7d$$
$$6x + 12d = 48d \qquad\qquad\qquad (6 d + 2 d) = 48 d$$
$$6x + 12d - 12d = 36d \qquad\qquad\qquad 36 d + 12 d = 48 d$$
$$6x = 36d$$
$$x = 6d$$

Beispiel 3

$$\text{Probe}$$

$$\frac{x}{6b} - 6 = \frac{1}{2}$$
$$\frac{x \cdot 6b}{6b} - 6 \cdot 6b = \frac{6b}{2} \qquad\qquad \frac{39b}{6b} - 6 = \frac{1}{2}$$
$$x - 36b = \frac{6b}{2} \qquad\qquad \frac{39b \cdot 6b}{6b} - 6 \cdot 6b = \frac{1 \cdot 6b}{2}$$
$$x - 36b = 3b \qquad\qquad 39b - 36b = 3b$$
$$x = -36b + 36b = 3b + 36b \qquad\qquad 3b = 3b$$
$$x = 36b$$

Müssen ein Faktor oder ein Divisor auf einer Seite der Gleichung beseitigt werden, sind beide Seiten der Gleichung mit der gleichen Zahl zu dividieren oder multiplizieren.

Beispiel 4

Berechnung der Länge l_1 eines Trapezes mit der Fläche A

$$A = \frac{l_1 + l_2}{2} b$$

$$\frac{2A}{b} = l_1 + l_2$$

$$l_1 + l_2 = \frac{2A}{B}$$

$$l_1 = \frac{2A}{B} - l_2$$

Quadratische Gleichungen

Kommt die Unbekannte x im Quadrat vor, so lösen wir die Gleichung, indem wir x^2 zunächst isolieren und anschließend auf beiden Seiten der Gleichung die Wurzel ziehen.

Beispiel 1

$$x^2 \cdot 4 = 64 \qquad\qquad \text{Probe} \quad x^2 \cdot 4 = 64$$

$$\frac{x^2 \cdot 4}{4} = \frac{64}{4} \qquad\qquad 4^2 \cdot 4 = 64$$

$$x^2 = 16 \qquad\qquad\qquad 64 = 64$$

$$\sqrt{x^2} = \sqrt{16}$$

$$x = 4$$

Beispiel 2

Berechnung der Seitenlänge a eines Quadrates mit der Fläche A

$$\sqrt{a^2} = \sqrt{A}$$

$$a = \sqrt{A}$$

$$A = a^2$$

$$a^2 = A$$

Aufgaben

1. $x - 5m^3 = 6m^3$

2. $x + 12\ m^2 = -13\ m^2$

3. $8x - 42\ cm = 6x - 12\ cm$

4. $-12x + 20\ kg = -18x + 38\ kg$

5. $0,78\ m - 3,64x = 2,18x - 18,31\ m$

6. $-3x + 5a = -8x + 20a$

7. $\dfrac{1}{3}x + \dfrac{1}{3}l = \dfrac{3}{6}l$

8. $\dfrac{14 + 4x}{2} - 5x = \dfrac{6x}{3} - 2x + 4$

9. $4x + 4(9\ dm - 15\ dm) = 2x$

10. $6(2x - 8\ cm^3) = 2(x - 8\ cm^3)$

11. $6(2x - 4c) = 4(2x + 4c)$

12. $\dfrac{x - 4}{3} = \dfrac{2(x + 3)}{8}$

13. $\dfrac{30}{6x} + 7 = 12$

14. $18 = \dfrac{81}{x}$

15. $\dfrac{x^2}{9} = \dfrac{8}{2}$

16. $\dfrac{5d}{x} = 2(15,5d - 8d)$

17. $4x^2 = 2(151 - 23)$

18. $5 + x^2 = -8 + 62$

19. $\dfrac{x^2 - 5}{4} = 181$

20. $256 + x^2 = 34^2$

21. $\sqrt{6 \cdot (x - 7)} = 18$

22. $\sqrt{x} + 3 = 2(13 - 5)$

23.

24. $\dfrac{16\ \dfrac{72\ 3\ \sqrt{x}}{\ } = 4}{\sqrt{36\ x^2}} = 4(8 - 5)$

25. $\dfrac{21}{6} = \dfrac{7}{6x - 16}$

26. $\sqrt{10 + 7^2} = \sqrt{3x - 4^2}$

27. $30\ m = \sqrt{3(x + 7\ m^2)}$

1.5.3 Gleichungen aufstellen

In der Bautechnik kommt die Gleichung nur selten als Zahlenansatz vor. Vielmehr müssen wir den Gleichungsansatz erst aus der Aufgabenstellung aufstellen.

Beispiel

Wie viel cm liegt ein Betonsturz an jedem Ende auf, wenn er 8,14 m lang ist, 3 Fensteröffnungen von 2,26 m Länge überdeckt und von zwei Mauerpfeilern von 36,5 cm Breite unterstützt wird (Bild 1.4)?

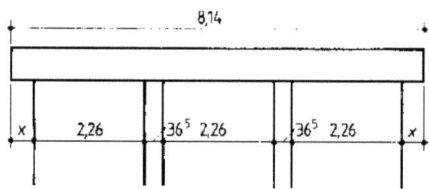

Bild 1.4 Betonsturz

Um x berechnen zu können, müssen wir von der Gesamtlänge des Betonsturzes 8,14 m dreimal die Fensteröffnung mit einer Länge von 2,26 m und zweimal den Mauerpfeiler mit einer Breite von 36,5 cm subtrahieren. Da die Auflagerlänge für jede der beiden Seiten auszurechnen ist, muss die gebildete Differenz durch zwei dividiert werden.

$$x = \frac{8{,}14 \;\; m - 3 \cdot 2{,}26 \;\; m - 2 \cdot 0{,}365 \;\; m}{2}$$

$$x = \frac{8{,}14 \;\; m - 6{,}78 \;\; m - 0{,}73 \;\; m}{2} = \frac{0{,}63 \;\; m}{2}$$

$$x = 0{,}315 \;\; m \cdot 100 = 31{,}5 \;\; cm$$

Bei der Aufstellung von Gleichungen aus Textaufgaben ist besonders darauf zu achten, dass nur Zahlenwerte in gleichen Einheiten eingesetzt werden. In unserem Beispiel hätten wir auch alle Zahlenwerte in cm einsetzen können. Weil aber in m gerechnet wurde, mussten wir das Ergebnis in cm umrechnen.

Das Aufstellen von Gleichungen mit Größen, dem Produkt aus Zahlenwert und Einheit, vermeidet Fehler.

Größengleichungen erleichtern die Prüfung, ob alle Größen in der richtigen Einheit eingesetzt wurden und welche Maßeinheit das Ergebnis haben muss. Deshalb fordert die DIN 1313, dass für Formelzeichen die Produkte aus Zahlenwert und Einheit eingesetzt werden.

Beispiel

Über den Raum in Bild 1.5 soll eine Holzbalkendecke mit 9 Balken 12/16 cm gelegt werden.
a) Wie groß ist der Mittenabstand der Balken in cm?
b) Wie viel Balken sind zu verlegen, wenn die Auflagerlänge

   an jeder Seite 25 cm beträgt

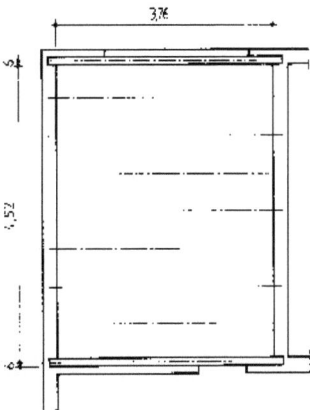

Bild 1.5 Holzbalkendecke (Maße in cm, m)

a) Mittenabstand der Balken

$$x = \frac{4,52 \text{ m} + 0,06 \text{ m} \cdot 2}{8}$$

$$x = \frac{4,52 \text{ m} + 0,12 \text{ m}}{8} = \frac{4,64 \text{ m}}{8}$$

$$x = 0,58 \text{ m}$$

b) Meter Balken

$$x = (3,76 \text{ m} + 2 \cdot 0,25 \text{ m}) \cdot 9$$

$$x = (3,76 + 0,50) \cdot 9 = 4,26 \text{ m} \cdot 9 = 38,34 \text{ m}$$

Aufgaben

28. Der Treppenlauf 1.6 hat eine Lauflänge von 2,34 m und eine Podesthöhe von 1,62 m.

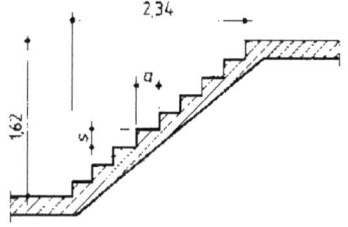

Bild 1.6 Treppe   Bild 1.7 Gleichseitiges Dreieck

   a) Wie viel cm breit wird jede Stufe (Auftrittsbreite a)?
   b) Wie viel cm hoch wird jede Stufe (Steigungshöhe s)?

29. Ein Maurer bekommt im Monat 1563,57 € netto ausgezahlt. Von seinem Bruttolohn werden 205,60 € Lohnsteuer, 12,44 € Kirchensteuer und 368,79 € Sozialversicherungsbeitrag abgezogen. Wie hoch ist sein Stundenlohn bei 168 Arbeitsstunden?

30. Eine Wand aus Kalksandsteinen ist 2,125 m hoch, die Steine sind 11,3 cm hoch, die Lagerfuge ist 1,2 cm dick. Wie viel Schichten sind zu mauern?

31. In einem gleichseitigen Dreieck (Bild 1.7) ist ein Schenkel a 1,3 mal so lang wie die Grundseite g. Wie groß ist ein Schenkel a, wenn der Umfang 33,0 m beträgt?

32. Bei einem Sparrendach (Bild 1.8) ist der Sparren s_1 um 0,74 mal kürzer als der Sparren s_2, der 6,48 m lang ist. Wie lang ist der Deckenbalken, wenn für den Binder – bestehend aus den beiden Sparren und dem Deckenbalken – 19,98 m Holz verbraucht werden?

33. Die Stützwand in Bild 1.9 von 35,75 m hat 6 Vorlagen, die 35 cm breit sind. Wie lang (in m) sind die Felder zwischen den Vorlagen?

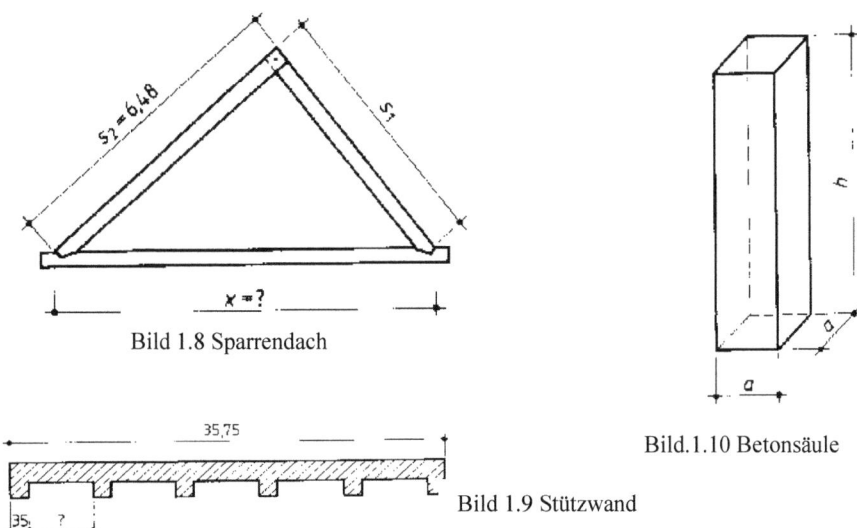

Bild 1.8 Sparrendach

Bild.1.10 Betonsäule

Bild 1.9 Stützwand

34. Für 5 Rollen Wärmedämmmaterial, 3 Rollen Aluminiumfolie und 2 Pakete Nägel wurden zusammen 294,25 € bezahlt. Wie viel € kostet eine Rolle Wärmedämmmaterial, wenn der Preis für eine Rolle Aluminiumfolie 9,85 € und für ein Paket Nägel 3,05 € betrug?

35. Die quadratische Betonsäule in Bild 1.10 hat eine Höhe von 2,76 m. Welche Länge a und Breite a in m hat die Betonsäule bei einem Volumen von 0,358 m^3?

1.6 Dreisatz

Das Dreisatzrechnen ist eine Methode der Verhältnisrechnung. Im ersten Satz wird das bekannte Verhältnis aufgeschrieben. Im zweiten Satz wird das bekannte Verhältnis auf eine Einheit bezogen. Im dritten Satz wird das gesuchte Verhältnis errechnet.

Dreisatz mit direkter Proportionalität liegt vor, wenn beide veränderlichen Größen zu- oder abnehmen.

Beispiel

Eine Mischmaschine stellt 42 m³ Beton in 7 Stunden her. Wie viel Stunden braucht sie für 72 m³ Beton?

1. Satz   42 m³ Beton werden in 7 h gemischt.

2. Satz   1 m³ Beton wird in 7h /42 gemischt.

3. Satz   72 m³ Beton werden in $\dfrac{72 \cdot 7}{42}$ h $= 12$ h   gemischt.

Man kann den Rechengang mit Hilfe von <u>einer</u> Gleichung nachvollziehen:

$$\frac{7h}{42m^3} 72m^3 = 12\ h$$

Man sieht, dass sich zwei der drei Einheiten kürzen und eine für das Ergebnis übrigbleibt. Beim Ansatz kann man das gleich mit einbringen, in dem man daran denkt, das in unserm Beispiel eine bestimmte Anzahl Stunden gesucht ist. Die Stunden müssen also <u>auf</u> dem Bruchstrich stehen.

Man sollte die Maßeinheiten immer mit schreiben. Das hilft, Fehler zu vermeiden.

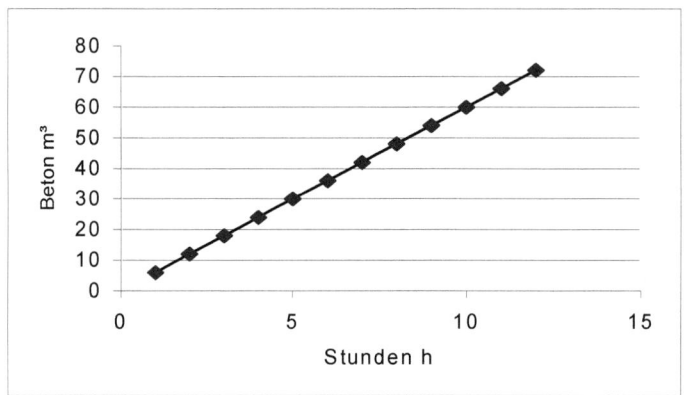

Bild 1.11 Zeichnerische Darstellung: Dreisatz mit direkter Proportionalität

Dreisatz mit indirekter Proportionalität liegt vor, wenn die eine veränderliche Größe zunimmt und die andere dabei abnimmt. Dieses Problem tritt oft im Zusammenhang mit Arbeitszeiten auf.

Beispiel

Drei Zimmerleute brauchen für die Decke eines Einfamilienhauses 48 Stunden. Wie lange würden zwei Zimmerleute für die gleiche Arbeit benötigen? Auch hier rechnen wir zuerst auf eine Einheit (einen Zimmermann) um. Anschließend dividieren wir durch die neue Anzahl:

$$\frac{48\ h}{2} 3 = 72\ h$$

Die zwei Zimmerleute benötigen 72 h für die Decke.

Beim **zusammengesetzten Dreisatz** sind mehr als drei Größen bekannt. Es wird schrittweise in einfachen Dreisätzen die gesuchte Größe errechnet.

Beispiel

4 Betonbauer schalen eine Wand von 16 m Länge in 3 Tagen ein (tägliche Arbeitszeit 8 Stunden). In wie viel Tagen schalen 6 Betonbauer eine Wand von 24 m Länge ein, wenn sie täglich 6,4 Stunden arbeiten?

Wir berechnen zunächst die Zeit, die 6 Betonbauer bei 8 Std. täglicher Arbeitszeit brauchen.

$$\frac{4 \cdot 3\,d}{6} = \frac{12\,d}{6} = 2\,d$$

Ein Arbeiter würde 4 ·3 d = 12 d brauchen. Das „d" steht für Tage (Englisch: days)

Die 6 Arbeiter würden 2 Tage bei 8 Std. Arbeitszeit brauchen.

Nun fügen wir die neue Länge von 24 m ein:

$$\frac{2\,d \cdot 24\ m}{16\ m} = 3\ d = 3\ d\ \frac{8\ h}{d} = 24\ h$$

Für 24 m Wand brauchen 6 Arbeiter 3 Tage oder 24h.

Nun fehlt noch die neue Arbeitszeit.

$$\frac{24\ h}{6,4\ \dfrac{h}{d}} = 3,75\ d = 3\,d\ und\ 0,75d\ \frac{6,4h}{d} = 3\ d\ und\ 4,8\ h$$

Es werden 3 Tage und 4,8 Stunden benötigt.

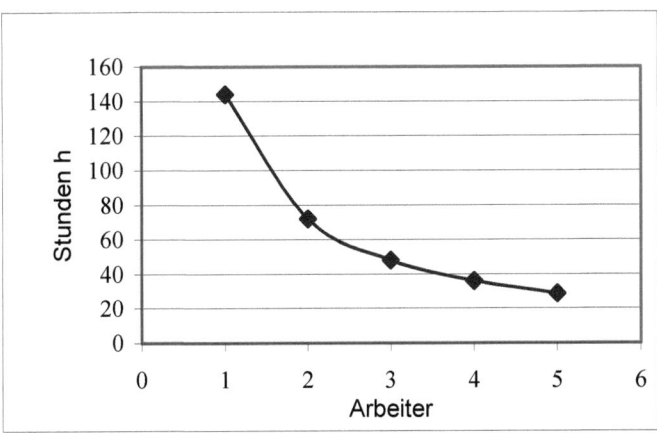

Bild 1.12 Dreisatz mit umgekehrter Proportionalität

Aufgaben

1. Für 1025 l Zementmörtel werden 410 kg Zementmörtel gebraucht. Wie viel kg Zement sind für 575 l Mörtel erforderlich?

2. Aus 292,5 l Kalk können 750 l Hydraulischer Kalkmörtel hergestellt werden. Wie viel Liter Mörtel lassen sich aus 479,7 l Kalk mischen?

3. Für eine Wand von 2,8 m³ wurden 770 Steine im 2 DF-Format verarbeitet. Wie viel Steine verarbeiten Sie, wenn die Wand 1,6 m³ Rauminhalt hat?

4. Aus 1681 Steinen im NF-Format lassen sich 4,1 m³ Wand mauern. Wie viel m³ Wand können aus 3526 Steinen erstellt werden?

5. Ein 3,5 m langer Stahlträger I 100 wiegt 29,19 kg. Wie viel kg wiegt ein 4,5 m langer Stahlträger?

6. Ein Facharbeiter verdient im Monat (23 Arbeitstage) 2364,40 €. Wie viel € erhält er für eine Woche (5 Arbeitstage)?

7. Ein Fußboden besteht aus 560 Bodenfliesen (20 cm × 20 cm). Er soll aus Fliesen in einer Große 20 cm × 40 cm neu gefliest werden. Wie viel Fliesen sind erforderlich?

8. 22 Kanthölzer wiegen 387,2 kg. Wie schwer sind 14 Kanthölzer?

9. Um 32 m² Betondecke zu betonieren sind 75186 kg Frischbeton nötig. Wie viel t Frischbeton braucht man für 59 m³ Betondecke?

10. 2 Lastwagen fahren Abbruchmaterial in 73,5 Std. ab. Wie viel Stunden brauchen 3 Lastwagen derselben Größe für die gleiche Menge Abbruchmaterial?

11. Für Kanalisationsarbeiten, die nach 48 Tagen fertig sein sollen, sieht der Bauunternehmer eine Kolonne von 8 Mann vor. Durch Krankheit können aber nur 6 Mann eingesetzt werden. Um wie viel Tage verlängert sich die Ausführungszeit?

12. Insgesamt 12 Stunden braucht eine Mischmaschine, die 12 Mischungen pro Std. macht, für das Betonieren von Betonsäulen. In wie viel Stunden können die Säulen betoniert werden, wenn noch einen zweite Mischmaschine mit gleicher Trommelgröße aber 6 Mischungen pro Stunde eingesetzt wird?

13. Eine Grenzwand soll durch 20 Wandvorlagen im Abstand von 1,24 m ausgesteift werden. Wie groß wird der Abstand bei 16 Wandvorlagen?

14. Eine Treppe mit 17 Steigungen hat eine Steigungshöhe von 16,2 cm. Wie groß wird die Steigungshöhe bei 18 Steigungen?

15. Für größere Erdarbeiten können statt 2 Baggern, die dafür 2 Tage und 5 Stunden (Arbeitstag 8 Stunden) brauchen würden, 3 Bagger eingesetzt werden. In wie viel Tagen und Stunden sind die Erdarbeiten ausgeführt?

16. 4 Betonpumpen fördern in 18 Stunden 2888 m³. Wie viel Betonpumpen sind einzusetzen, wenn 3840 m³ Beton in 12 Stunden gefördert werden sollen?

17. Eine Kolonne aus 9 Facharbeitern braucht für ein Kellergeschoss 9 Arbeitstage mit je 8 Stunden. Wie viel Überstunden muss jeder am Arbeitstag leisten, wenn ein Kollege erkrankt, aber das Kellergeschoss in derselben Zeit fertig sein soll?

18. Für 14 Betonsäulen sind 5,88 m² Schalholz nötig. Wie viel m² Schalholz brauchen Sie für 9 Betonsäulen?

19. 5 Betonbauer stellen in 6 Tagen 18 Kanalschächte her. Wie viel Schächte können 3 Betonbauer in 8 Tagen ausführen?

20. 7 Maurer benötigen für den Rohbau bei einer täglichen Arbeitszeit von 8 Stunden 184,5 Tage. Wie viel Maurer mehr müssen beschäftigt werden, wenn der Rohbau schon nach 128 Tagen fertig sein soll, wobei jeder Maurer zusagt, eine Überstunde am Tag zu machen?

21. 5 Fliesenleger fliesen in 4 Tagen 336 m² Wandfläche. Wie viel m² Wandfläche können in 6 Tagen gefliest werden, wenn noch 3 Fliesenleger hinzukommen?

22. Eine Kolonne von 5 Betonbauern verdient für eine Arbeit in 4 Tagen 2468,70 €, wobei aber 2 Betonbauer nur an 3 Tagen mitgearbeitet haben.

a) Wie viel erhält jeder der 3   Betonbauer, die 4 Tage und

b) jeder der 2 Betonbauer, die 3 Tage gearbeitet haben?

23. Für den Aushub einer 720 m³ großen Baugrube müssen 4 Lkw 28,8 Stunden lang Erdreich abfahren. Wie viel Lkw sind für eine 900 m³ große Baugrube notwenig, die aber schon in 16 Stunden ausgehoben sein soll?

24. 6 Betonbauer brauchen zum Betonieren einer 120 m² großen Decke 6 Stunden. Wie viel Stunden brauchen 8 Betonbauer für eine 80 m² große Decke?

25. Für den Bau einer Straße brauchen 13 Arbeiter 55 Tage. Nachdem die Arbeit zu 3/5 fertig ist, kommen zur Beschleunigung 9 Arbeiter hinzu. Wie viele Tage eher kann die Straße nun fertig werden?

26. In 8 Stunden fahren sechs Lkw 576 t Boden ab. Wie viel Stunden brauchen vier Lkw für 936 t?

27. 6 Kanalbauer brauchen zum Verlegen einer Rohrleitung 3 Tage (mit 8 Std.) und 2 Stunden. Um wie viel Stunden verkürzt sich die Ausführungszeit, wenn nach 2 Tagen Verlegearbeit 2 Kanalbauer hinzukommen, aber statt 780 m nun 840 m Leitung zu verlegen sind?

1.7 Prozentrechnung

Vielfach werden Größen in Prozent angeben Das Wort „Prozent" stammt aus dem Lateinischen (pro= für, centum = hundert) und gibt die Bruchteile eines ganzen in Hundertstel an.

1 Prozent = 1 Hundertstel

1 % = 1/100

Bei sehr kleinen Werten werden auch Zahlen in Promille (mille = tausend), d. h. in Tausendstel angegeben.

Beispiele für Prozentabgaben in der Bautechnik sind die Neigung einer Straße, das Gefälle einer Entwässerungsleitung, die Eigenfeuchte und der Verschnitt.

Umrechnen von Dezimal- und Bruchzahlen in Prozentzahlen

Um eine Dezimalzahl oder Bruchzahl in Prozent anzugeben, multiplizieren wir sie mit 100 %. Der Wert ändert sich dadurch nicht, denn 100 % = 1.

Beispiel

$$0{,}25 \cdot 100\ \% = 25\ \% \qquad \frac{1}{4} \cdot 25\ \% \ = 25\ \%$$

Umgekehrt können wir Prozentzahlen in Dezimal- und Bruchzahlen umwandeln, wenn wir sie durch 100 % dividieren.

Beispiel $\quad \dfrac{4\ \%}{100\ \%} = \dfrac{1}{25} = 25\ \% = 0{,}04$

In der Prozentrechnung kommen 3 Größen vor.

Beispiel $\quad$ 6 % $\qquad$ von $\qquad$ 480 kg $\qquad$ = $\qquad$ 28,8 kg

$\qquad$ **Prozentsatz p** $\qquad$ **Grundwert G** $\qquad$ **Prozentwert W**

Der **Grundwert G** entspricht 100 %, stellt also das Ganze dar, den Wert, auf den wir uns in der Prozentrechnung beziehen.

Der **Prozentsatz p** gibt die Anzahl der Prozente (der Hundertstel) vom Grundwert an.

Der **Prozentwert W** entspricht einem Teil des Grundwerts. Er hat dieselbe Maßeinheit wie der Grundwert G.

Wir können den Zusammenhang auch durch folgende Formel beschreiben:

$$\frac{W}{G} = \frac{p}{100\%}$$

Diese Formel kann nach der jeweils gesuchten Größe umgestellt werden. Auf diese Weise erhalten wir die drei Formeln für die Prozentrechnung:

$$G = \frac{W \cdot 100\%}{p}$$

$$W = \frac{G \cdot p}{100\%}$$

$$p = \frac{W \cdot 100\%}{G}$$

Beispiel 1

Bei einer Fliesenbestellung wurde mit 4% Bruch gerechnet, was 90 Stück entspricht. Wie viel Fliesen wurden insgesamt bestellt?

Gesucht: Grundwert G

$$G = \frac{W \cdot 100\%}{p} = \frac{90 \cdot 100\%}{4\%} = 2250$$

Es wurden 2250 Fliesen bestellt.

Beispiel 2

Bei Zahlung einer Rechnung über 555 € binnen 10 Tagen können 3 % Skonto abgezogen werden. Wie viel € beträgt der Skonto?

Gesucht: Prozentwert W

$$W = \frac{G \cdot p}{100 \ \%} = \frac{555€ \cdot 3 \%}{100\%} = 16{,}65 \quad €$$

Der Skonto beträgt 16,65 €.

Beispiel 3

Von einer 240 m² großen Wandfläche sind schon 54 m² verklinkert. Wie viel Prozent der Wandfläche sind das?

Gesucht: Prozentsatz p

22,5 % der Wand sind schon verklinkert.

$$p = \frac{W \cdot 100\%}{G} = \frac{54m² \cdot 100\%}{240m^2} = 22{,}5 \ \%$$

Prozentrechnung mit dem Dreisatz: Man kann Prozentrechnung auch als Dreisatzaufgabe auffassen und rechnet dann zunächst jeweils 1 Prozent bzw. eine Einheit aus.

Häufig ist es erforderlich, den Prozentwert zum Grundwert zu addieren, z. B. bei Aufgaben, in denen Preis plus Mehrwertsteuer gesucht sind. Soll die Mehrwertsteuer von 19 % zum Preis addiert werden, kann man anstelle von 19 % gleich 119 % ausrechnen und erspart sich auf diese Weise die Addition.

Beispiel 1

Wie groß ist der Preis plus Mehrwertsteuer von 19 %, wenn der Preis ohne Mehrwertsteuer 350 € beträgt:

$$W = \frac{350€ \cdot 119 \%}{100 \%} = 350€ \cdot 1{,}19$$

$$W = 416{,}50€$$

Der Preis mit Mehrwertsteuer beträgt 416,50 €.

Beispiel 2

Beim Fliesenbedarf ist von 5 % Verschnitt auszugehen. Wie viel Fliesen sind zu bestellen, wenn ohne Verschnitt 130 Stück ermittelt wurden?

$$W = \frac{13\,St. \cdot 105\ \%}{100\ \%} = 130\,St. \cdot 1,05 = 136,5\,St. \approx 137\,St.$$

Es sind 137 Fiesen zu bestellen.

Mit der **Prozenttaste des Taschrechners** kann leicht der Prozentsatz berechnet werden. Die Prozenttaste übernimmt die Division durch 100. Bei manchen Taschenrechnern ist auch Addition bzw. Subtraktion des Prozentwertes zum Grundwert einfach auszuführen.

Aufgaben

1. Die Baukosten eines Einfamilienhauses werden mit 1400711 € veranschlagt. Wie hoch sind die Rohbaukosten, wenn der Rohbau 46 % der Baukosten entspricht?

2. Auf einer Baustelle wurden 136 m² Betondecke eingeschalt, wobei 12,58 m² Verschnitt anfiel. Wie viel Prozent betrug der Verschnitt?

3. Ein Betonbauer erhält 1984 € Bruttolohn, aber netto 1364,8 € ausgezahlt. Wie hoch sind die Abzüge a) in € und b) als Prozentsatz?

4. Der Stundenlohn eines Betonbauers von 10 € wird um 3,5 % erhöht. Wie viel € beträgt der neue Stundenlohn?

5. Ein Bauunternehmer gewährt auf die Auftragssumme von 13528,75 € 8 % Nachlass. Wie viel € beträgt der Preisnachlass?

6. Bei der Einschalung einer Betontreppe fiel 1,38 m² Verschnitt an. Wie viel Prozent betrug der Verschnitt bei insgesamt 18,4 m² Schalung?

7. Von einer Lieferung Dachpfannen waren 76 Stück zerbrochen. Aus wie viel Dachpfannen bestand die Lieferung, wenn der Bruch 6,25 % betrug?

8. Ein Betonzuschlag von 4630 kg hat eine Eigenfeuchtigkeit von 4,2 %. Wie viel kg Wasser sind das?

9. Nach einer Preiserhöhung sind für ein Gartenhaus gegenüber den Angebotspreisen in der Rechnung die folgenden Gesamtpreise zu bezahlen. Um wie viel € und Prozent haben sich die Einheitspreise für 1 m³ Mauerwerk und 1 m³ Beton verändert?

Mengen	Angebotspreis	Rechungspreis
8 m³ Mauerwerk	3162 €	3320,10 €
1,7 m³ Beton B25 einschl. Bewehrung	450,50 €	468,52 €

10. Bei der Herstellung von Beton wird entgegen der Vorschrift nach DIN 1045 ständig statt der vorgeschriebenen Zementmenge von 280 kg/m³ 8 % mehr hinzugegeben. Wie viel m³ Beton konnten mit 15204 kg Zement hergestellt werden

   a) ohne Mehrzugabe von Zement?

   b) mit 8 % Mehrzugabe von Zement?

11. Ein Maurer erhält im Monat einen Bruttolohn von 2196,36 €. Seine Abzüge betragen für die Lohnsteuer 16,0 %, für die Rentenversicherung 9,55 %, für die Krankenversicherung 12 %, für die Pflegeversicherung 1,35 % und für die Arbeitslosenversicherung 3,25 %.

   a) Wie hoch sind die einzelnen Abzüge in €?

   b) Wie viel € beträgt der Nettolohn?

Vermehrter oder verminderter Grundwert

Häufig muss in den Aufgabenstellungen der Grundwert erst errechnet werden

Beispiel 1

Verminderter Grundwert. Für eine Lieferung Kalksandsteine muss ein Bauunternehmer, nachdem er 4 % Skonto abgezogen hat, noch 12524,26 € bezahlen. Wie lautet der Rechnungsbetrag?

$$G = \frac{12524,16 \ € \cdot 100 \ \%}{96 \ \%} = 13046 \ €$$

Der verminderte Grundwert beträgt 100 % - 4 % = 96 %

Damit ergibt sich der auf 100 % bezogene Grundwert (der Rechnungsbetrag) zu 13046 €:

Beispiel 2

Vermehrter Grundwert. Nach 3% Erhöhung beträgt der Preis für 100 Sparverblender 91 €. Berechnen Sie den Preis vor der Erhöhung.

$$G = \frac{91 \ € \cdot 100 \ \%}{103 \ \%} = 88,35 \ €$$

Vor der Erhöhung betrug der Preis 88,35 €.

Aufgaben

12. Nach 3 % Preiserhöhung ist der Sack Zement um 0,36 € teurer geworden.

   a) Wie viel kostete der Sack Zement vor der Preiserhöhung,

   b) Wie viel nach der Erhöhung?

13. 105,56 m² Wand sollen geschalt werden. Es muss mit 9 % Verschnitt gerechnet werden. Wie viel m² Schalholz müssen bestellt werden?

14. Ein Bagger kostet einschließlich 19 % Mehrwertsteuer 48345 €. Wie hoch ist der Nettopreis ohne Mehrwertsteuer?

15. Nachdem 3,5 % Skonto abgezogen wurden, müssen für eine Baustofflieferung noch 6822,55 € bezahlt werden. Wie lautete der Rechnungsbetrag?

16. 100 Sack Trasszement kosten nach einer Preiserhöhung von 4 Prozent 1233,18 €. Wie viel kosteten 100 Sack vor der Preiserhöhung?

17. Durch den Ausfall des zweiten Krans verlängert sich die Bauzeit um 25 %. Der Rohbau ist dadurch erst nach 110 Tagen fertig. Wie viel Tage Bauzeit waren ursprünglich angesetzt?

18. Ein Zimmermann erhält in seiner neuen Stelle 11,76 € /Stunde; das sind 5 % mehr als bisher. Wie viel € verdiente er in der alten Stelle?

1.8 Zinsrechnung

Die Zinsrechnung kann als eine Prozentrechnung unter Hinzunahme der Zeit betrachtet werden.

Begriffe:

Prozentrechnung	Zinsrechnung
Grundwert G $\longrightarrow$	Kapital K
Prozentwert W $\longrightarrow$	Zinsen Z
Prozentsatz p $\longrightarrow$	Zinssatz p
	Zeit t

Die Zeit, für die die Zinsen berechnet werden, beträgt ein Jahr, wenn kein anderer Zeitraum angegeben wird. In der Zinsrechnung sind folgende Vereinfachungen vereinbart:

1 Jahr = 360 Tage,

1 Monat = 30 Tage

Die Zinsrechnung kann mit Hilfe des Dreisatzes oder mit Hilfe der folgenden Zinsformeln . erfolgen:

Jahreszinsen: $\quad Z = \dfrac{K \cdot p \cdot t}{100 \ \%}$ $\quad$ t in Jahren

Monatszinsen $\quad Z = \dfrac{K \cdot p \cdot t}{100 \ \% \cdot 12}$ $\quad$ t in Monaten

Tageszinsen: $\quad Z = \dfrac{K \cdot p \cdot t}{100 \ \% \cdot 360}$ $\quad$ t in Tagen

Stellt man die Formel für die Jahreszinsen um, so erhält man die Formeln zur Berechnung von Kapital K, Zinssatz p und Zeit t. (in Jahren).

Kapital	$K = \dfrac{Z \cdot 100\,\%}{p \cdot t}$

Zinssatz	$p = \dfrac{Z \cdot 100\,\%}{K \cdot t}$

Zeit	$t = \dfrac{Z \cdot 100\,\%}{K \cdot p}$

Beispiel 1

Ein Bauherr nimmt 84 000 € Darlehen zu 8,75 % für 8 Monate auf. Berechnen Sie die zu zahlenden Zinsen.

Gesucht: Zinsen Z

$$Z = \frac{K \cdot p \cdot t}{100\,\% \cdot 12} = \frac{84000\ € \cdot 8,75\,\% \cdot 8}{100\,\% \cdot 12} = 4900\ €$$

Beispiel 2

Ein Stuckateur bekommt nach 250 Tagen Sparzeit 24,50 € mehr ausbezahlt, als er auf sein Sparbuch eingezahlt hat. Der Zinssatz betrug 1,25 %. Wie hoch war sein Guthaben?

Gesucht: Kapital K

$$K = \frac{Z \cdot 100\,\% \cdot 360}{p \cdot t} = \frac{24,50\ € \cdot 100\,\% \cdot 360}{1,25\,\% \cdot 250} = 2822,40\ €$$

Beispiel 3

Für sein Guthaben von 5428 € auf dem Sparbuch bekommt ein Estrichleger nach einem Jahr 81,42 € Zinsen. Wie hoch war der Sparzinssatz?

Gesucht: Zinssatz p

$$p = \frac{Z \cdot 100\,\%}{K \cdot t} = \frac{81,42 \cdot 100\,\%}{5428 \cdot 1} = 1,5\,\%$$

Beispiel 4

Nach wie viel Tagen erhält ein Betonbauer bei 1,5 % Sparzinssatz und einem Guthaben von 960,- € 14,- € Zinsen?

Gesucht: Zeit in Tagen

$$t = \frac{Z \cdot 100\,\% \cdot 360}{K \cdot p\,\%} = \frac{14\ € \cdot 100\,\% \cdot 360}{960\ € \cdot 1,5\,\%} = 350 \quad \text{in Tagen}$$

Aufgaben

1. Ein Betonbauer bekommt für die 2422,92 € auf seinem Sparbuch nach 255 Tagen 2444,37 € ausbezahlt. Wie hoch war der Sparzins?

2. Ein Kredit für eine Fernreise von 5000 € soll nach 6 Monaten zurückgezahlt sein. Wie viel € beträgt die Monatsrate (Tilgung + Kreditzinsen) bei einem Kreditzins von 12 %?

3. Ein Bauunternehmer muss für die Anschaffung eines Baggers bei seiner Bank ein Darlehen von 56520 € zum Zinssatz von 8,25 % aufnehmen. Wie viel € Zinsen muss er im 1. Jahr zahlen?

4. Ein Bauherr muss im Jahr 8075 € Zinsen bezahlen. Wie hoch ist sein Kredit in diesem Jahr bei einem Zinssatz von 9,5 %?

5. Für ein Mehrfamilienhaus, das einen Preis von 1260000 € hatte, erhält der Bauherr 2100,- € Monatsmiete. Wie hoch ist die Verzinsung seines eingesetzten Kapitals, ohne Berücksichtigung der Instandhaltungskosten?

6. Für ein Guthaben von 14236 € erhält ein Handwerker bei einem Zinssatz von 5,25 % 498,25 € Zinsen. Wie viel Monate lag das Geld auf dem Sparkonto?

7. Ein Zimmermann möchte sich eine zusätzliche monatliche Rente von 200 € von seinem Sparbuch abheben, d. h. er möchte monatlich 200 € Zinsen haben. Wie hoch muss sein Sparguthaben sein bei einem Zinssatz von 4 %?

8. Ermitteln Sie durch Umstellen der Tageszinsformel die Formel für das Kapital in Abhängigkeit von der Zeit in Tagen.

Einrichten einer Baustelle

2.1 Längen

2.1.1 Längeneinheiten und Formelzeichen

Basiseinheit für die Länge ist das Meter (m). Dividiert man Meter durch 10, erhält man die nächst kleinere Einheit. Multipliziert man ein Längenmaß mit 10, kommt man zu der nächst größeren Einheit.

$$1 \text{ m} = 10 \text{ dm} = 100 \text{ cm} = 1000 \text{ mm}$$
$$1 \text{ dm} = 10 \text{ cm} = 100 \text{ mm}$$
$$1 \text{ cm} = 10 \text{ mm}$$

Dabei stehen die Abkürzungen für:

d = dezi = 1/10 = 1 Zehntel

c = centi = 1/100 = 1 Hundertstel

m = milli = 1/1000 = 1 Tausendstel

Von den größeren Längeneinheiten ist nur die Einheit km gebräuchlich. Dekameter (1 dam = 10 m) und Hektometer (1 hm= 100 m) sind unüblich und werden kaum verwendet.

$$1 \text{ km} = 10 \cdot 10 \cdot 10 \text{ m} = 1000 \text{ m}$$

da = deka = 10 = das Zehnfache

h = hekto = 100 = das Hundertfache

k = kilo = 1000 = das Tausendfache

Beispiel 1 Eine Straße ist 4,28 m km lang. Wie viel m sind das?

$$4,28 \text{ km} = 4,28 \, 10 \cdot 10 \cdot 10 \text{ m} = 4280 \text{ m}$$

Beispiel 2 Ein Kantholz ist 3126 mm lang. Wie viel cm und wie viel m sind das?

$$3126 \text{ mm} = 312,6 \text{ dm} = 31,26 \text{ cm} = 3,126 \text{ m}$$

Als Formelzeichen für Längen sind üblich:

l	Länge	d	Durchmesser
b	Breite	U	Umfang
h	Höhe	r	Radius
a, b, c	bei Dreieckseiten	b	Bogenlänge

2.1.2 Umfang und Bogenlänge

Der Umfang von eckigen Flächen wird gebildet, in dem die Seitenlängen addiert werden:

Umfang eines Quadrates: U = 4a

a

Umfang eines Rechtecks : U = 2l + 2b

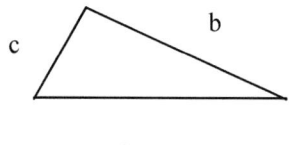

b

l

Umfang eines Dreiecks: U = a + b + c

c

b

a

Umfang eines Kreises: U = π d

Radius des Kreises: r = d/2

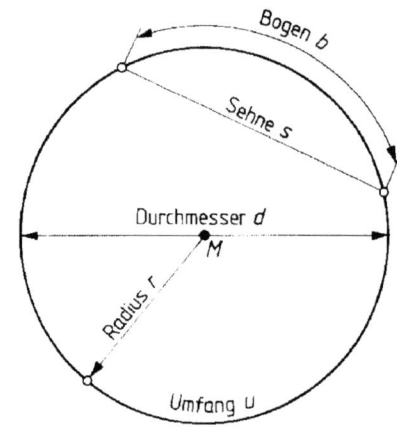

Bild 2.1 Quadrat, Rechteck und Dreieck
             Längen am Kreis

Die **Zahl π,** die bei der Kreisberechnung auftritt, ist so definiert, das sie genau das Vielfache beschreibt, um das der Umfang größer als der Durchmesser ist.

$$\pi = 3,14159.. \approx 3,14$$

Die Zahl π ist auf dem Taschenrechner zu finden.

Der **Bogen** (b) des Kreisausschnittes verhält sich zum Umfang (U) des Vollkreises wie der Mittelpunktswinkel (α) der Kreisausschnittes zum Vollwinkel (360^0) des Kreises:

$$\frac{b}{U} = \frac{\alpha}{360^0}$$

$$b = \frac{U \cdot \alpha}{360^0}$$

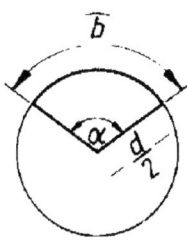

Der Umfang einer **Ellipse** errechnet sich nach:

Bild 2.2 Kreis mit Kreisbogen

$$U = \frac{D + d}{2} \pi$$

Dabei Sind D und d die beiden Durchmesser der Ellipse (Bild 2-17 Seite 40).

Aufgaben

1. Geben Sie die Längenmaße in den eingeklammerten Einheiten an.

    a) 375 mm (dm)   f) 7 mm (m)

    b) 38, 6 dm (m)   g) 8,32 dm (mm)

    c) 5,623 m (cm)   h) 23,65 dm (mm)

    d) 6682 cm (m)   i) 1563 m (km

    e) 4,738 km (m)

2. Wie groß ist der Umfang eines Rechtecks mit den Seiten 23,14 m und 57,25 m?

3. Wie groß ist der Umfang eines Rades mit 26 cm Durchmesser?

4. Wie viel Umdrehungen macht ein Rad mit 23 cm Durchmesser auf 2,5 km?

5. Ein Quadrat hat einen Umfang von 148,4 m. Wie lang ist eine Seite?

6. Berechnen Sie die Länge der Bandschleifmaschine (Bild 2.3) in cm.

7. Berechnen Sie den Bedarf an Randsteinen für den abgebildeten Teil des gekrümmten Gehweges (Bild 2.4), wenn der Winkel 230^0 und die beiden Radien 6 und 7,5 m betragen.

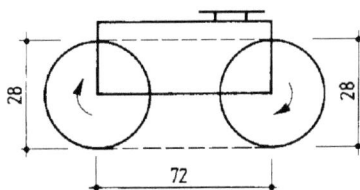

Bild 2.3 Bandschleifmaschine

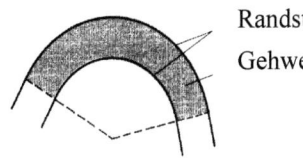

Randsteine

Gehweg

Bild 2.4 Gekrümmter Gehweg

2.2 Flächen

2.2.1 Einheiten und Formelzeichen

Die Basiseinheit für die Fläche ist der m² = m · m. Bei Flächenmaßen ist die Umrechnungszahl in die nächst kleinere oder größere Einheit 100.

$$1 \text{ km}^2 = 100 \text{ ha} = 10\,000 \text{ a} = 1\,000000 \text{ m}^2$$
$$1 \text{ ha} = 100 \text{ a} = 10\,000 \text{ m}^2$$
$$1 \text{ a} = 100 \text{ m}^2$$
$$1 \text{ m}^2 = 100 \text{ dm}^2 = 10\,000 \text{ cm}^2$$
$$1 \text{ dm}^2 = 100 \text{ cm}^2$$
$$1 \text{ cm}^2 = 100 \text{ mm}^2$$

Beispiel 1 Die Querschnittsfläche einer Betonsäule ist 396 900 mm² groß. Wie viel m² sind das?

Zwischen mm² und m² existieren noch die Einheiten dm² und cm². Wir müssen also dreimal durch 100 teilen, d.h. das Komma muss um 3·2 = 6 Stellen nach links verschoben werden.

396900 mm² = 0,3969 m²

Beispiel 2 Ein Grundstück ist 540 ha groß. Wie viel m² sind das?

540 ha = 54000 a= 5400 000 m²

Formelzeichen für die Fläche ist **A**, wobei das A für den lateinischen Begriff für Fläche „area" steht. Will man eine Fläche genauer charakterisieren oder von anderen unterscheiden, so kann das mit Hilfe von Indizes geschehen, z. B. A_D für Dreieckfläche.

2.2.2 Rechteck und Quadrat

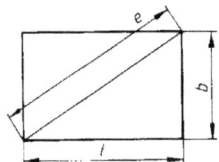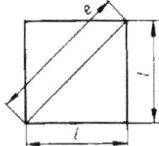

Bild 2.5 Rechteck und Quadrat

Rechteck und Quadrat sind viereckige Flächen, bei denen die Seiten senkrecht aufeinander stehen. Beim Rechteck sind die Seiten paarweise gleich lang, beim Quadrat sind alle vier Seiten gleich lang.

Beim Quadrat sind die Eckenmaße e (oder Diagonalen) gleich lang, stehen senkrecht zueinander und halbieren sich und die Eckwinkel. Beim Rechteck sind die Diagonalen gleich lang und halbieren sich.

Die Fläche ist das Produkt aus Länge mal Breite:

Rechteckfläche:

$$A = l \cdot b$$

Quadrat:

$$A = l \cdot l = l^2$$

Beispiel Wie groß ist die Grundfläche eines Raumes mit 3,15 m breite und 4,20 m Länge?

$$A = l \cdot b = 4,20 \text{ m} \cdot 3,15 \text{ m} = 13,23 \text{ m}^2$$

2.2.3 Raute, Parallelogramm und Trapez

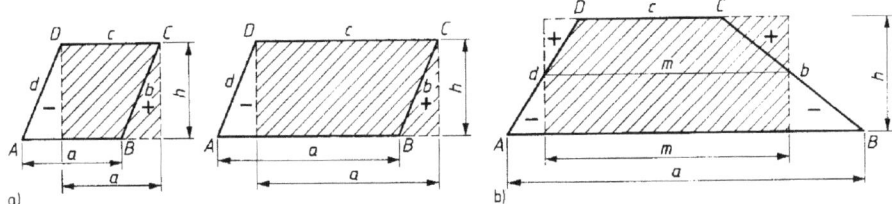

Bild 2.6 a) Raute und Parallelogramm und b) Trapez

Bei Raute und Parallelogramm sind die gegenüberliegenden Seiten parallel und die gegenüberliegenden Winkel gleich groß, dagegen hat das Trapez nur zwei parallele Seiten.

Bei Raute, oder auch Rombus genannt, sind alle vier Seiten gleich lang.

Wie man dem Bild 2.6 entnehmen kann, lässt sich die Flächenberechnung der Raute auf die Flächenberechnung eines Quadrates und die Flächenberechnung von Parallelogramm und Trapez auf die Berechnung eines Rechtecks zurückführen.

Raute (oder Rombus) und **Parallelogramm:**

$$A = a \cdot h$$

Trapezfläche:

$$A = a \cdot m = \frac{a + c}{2} h$$

Aufgaben

1. Berechnen Sie Fläche und Umfang folgender Vierecke:

    a) Quadrat, a = 10,50 m

    b) Rechteck, a = 0,84 m, b = 1,12 m

    c) Raute, a = 4,72 m, h = 1,13 m

    d) Parallelogramm, a = 2,14 m, b = 1,64 m, h = 1,10 m

    e) Trapez, a = 12,43 m, b = 3,56 m, c = 9,81 m, d = 3,18 m, h = 3,07 m

2. Berechnen Sie die Querschnittsflächen für Türöffnungen (1,135 m × 2,385 m) und Fensteröffnungen eines Gebäudes (88,5 cm × 2,01 m). Flächenmaße in m², drei Stellen nach dem Komma.

3. Berechnen Sie Grundlinie und Umfang eines Rechtecks mit A= 85 m², h = 6,25 m.

4. Geben Sie die Grundstücksgröße eines Grundstücks von 650 m × 480 m in ha an.

5. Ein quadratischer Parkplatz von 245 m² ist zu klein geworden und soll durch einen doppelt so großen, quadratischen Parkplatz ersetzt werden. Wie groß ist die Seitenlänge des neuen Parkplatzes?

2.2.4 Dreiecke

Die Ecken der Dreiecke werden entgegen dem Uhrzeigersinn mir A, B, C bezeichnet, die gegenüberliegenden Seiten mit a, b, c. Die Winkel erhalten die griechischen Buchstaben α, β, γ (alpha, beta, gamma). Die Höhe h steht senkrecht auf der zugehörigen Seite (Bild 2.7).

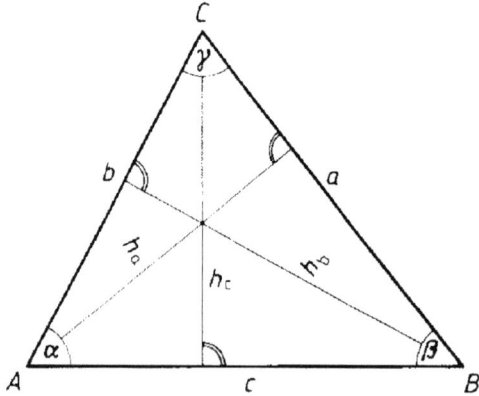

Bild 2.7 Bezeichnungen am Dreieck

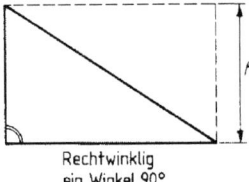
Rechtwinklig
ein Winkel 90°

Spitzwinklig
alle Winkel <90°

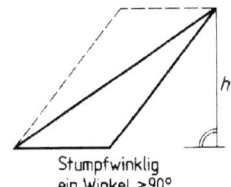
Stumpfwinklig
ein Winkel >90°

Bild 2.8 Unterscheidung nach Winkeln

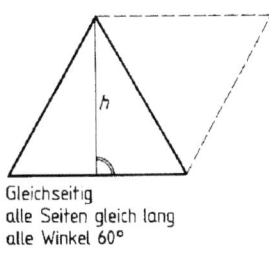
Gleichseitig
alle Seiten gleich lang
alle Winkel 60°

Gleichschenklig
zwei Seiten gleich
alle Winkel <90°

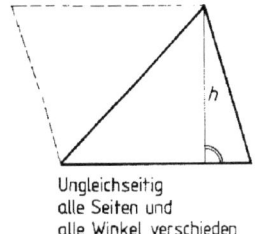
Ungleichseitig
alle Seiten und
alle Winkel verschieden

Bild 2.9 Unterscheidung nach Seiten

Die Summe der Winkel im Dreieck beträgt 180^0.

Jedes Dreieck kann als die Hälfte eines diagonal geteilten regelmäßigen Vierecks betrachtet werden. Die Fläche regelmäßiger Vierecke ist das Produkt von Grundlinie mal Höhe. Da jedes Dreieck die Hälfte eines Vierecks ist, erhalten wir je nach Grundseite die Flächenformeln:

$$A = \frac{a \cdot h_a}{2} \quad \text{oder} \quad A = \frac{b \cdot h_b}{2} \quad \text{oder} \quad A = \frac{c \cdot h_c}{2}$$

Aufgaben

6. Berechnen Sie Fläche eines Dreiecks mit

   a) $c = 14{,}00$ m, $h_c = 2{,}10$ m.

   b) $c = 11{,}60$ m, $h_c = 4{,}35$ m

   c) $c = 8{,}04$ m, $h_c = 6{,}50$ m.

7. Um welche Dreieckform handelt es sich hier?

   a) $a = 3{,}40$ m, $b = 3{,}40$ m, $c = 2{,}15$ m

   b) $a = 3{,}00$ m, $b = 4{,}00$ m, $c = 5{,}00$ m

   c) $a = 5{,}16$ m, $b = 2{,}28$ m, $\gamma = 90^0$

   d) $a = 6{,}05$ m, $b = 6{,}05$ m, $c = 6{,}05$ m

38

2.2.5 Lehrsatz des Pythagoras

Der Lehrsatz des um 570 v. u. Z. geborenen Mathematikers Pythagoras ist für die Bautechnik von großer Bedeutung. Mit seiner Hilfe können wir rechte Winkel abstecken und Strecken berechnen: Der Lehrsatz gilt aber nur in rechtwinkligen Dreiecken. Dem rechten Winkel liegt die längste Seite, die Hypotenuse gegenüber. Die beiden anderen Seiten schließen den rechten Winkel ein und heißen Katheten. Der Lehrsatz lautet:

Im rechtwinkligen Dreieck ist das Quadrat über der Hypotenuse gleich der Summe beider Kathetenquadrate:

$c^2 = a^2 + b^2$

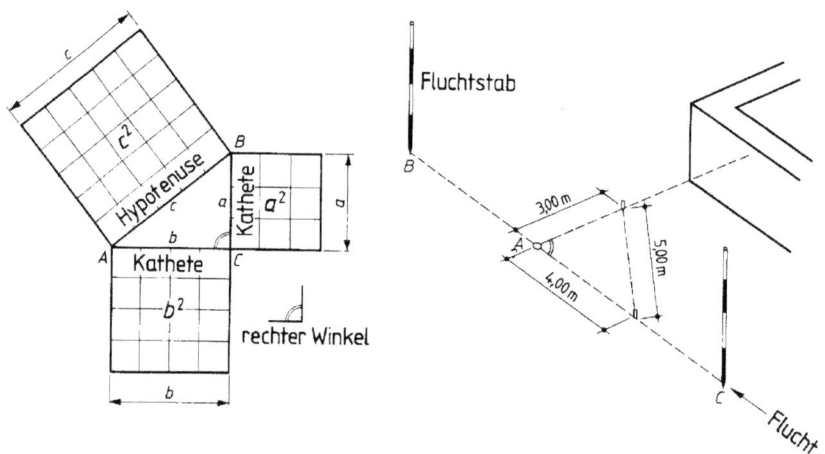

Bild 2.10 Lehrsatz des Pythagoras   Bild 2.11 Absteckung eines rechten Winkels

Aus Bild 2-10 können wir den Lehrsatz ablesen:

Kathete $a = 3$ Einheiten $a^2 = 9$

Kathete $b = 4$ Einheiten, $b^2 = 16$

Hypotenuse $c = 5$ Einheiten, $c^2 = 25$

Durch Umstellen der Formel können wir jede Seite im rechtwinkligen Dreieck berechnen, wenn die beiden anderen bekannt sind.

Beispiel

Hypothenuse c =5,00 m, Kathete a= 3,00 m, Kathete b=?

$b^2 = c^2 - a^2$

$b = \sqrt{c^2 - a^2} = \sqrt{25-9} = \sqrt{16} = 4,00\,m$

Aus dem Lehrsatz schließen wir:

Verhalten sich zwei Seiten eines Dreiecks wie 3:4:5 oder einem Vielfachen davon, ist das Dreieck rechtwinklig.

Diese Erkenntnis ist auf der Baustelle für Absteckarbeiten von großem Nutzen. Bild 2.11 zeigt, wie man in Punkt A der Flucht B - C einen rechten Winkel absteckt.

Aufgaben

8. Beim Vermessen eines rechtwinkligen Grundstücks (Bild 2.12) soll als Kontrollmaß für die Rechtwinkligkeit die Diagonale d gemessen werden. Wie lang muss sie sein?

9. Für das Grundstück soll eine Umrandung aus Betonsteinen verlegt werden. Wie viel m Betonsteine sind erforderlich? Fugen werden nicht berücksichtigt.

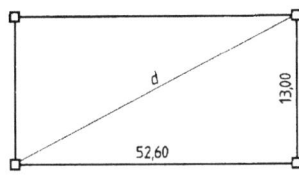

Bild 2.12 Grundstück

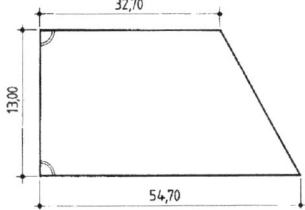

Bild 2.13 Grundstück

10. Rechteckige Fläche hat das Verhältnis a : b = 3 : 4. Die Diagonale ist 63 m lang. Wie lang sind die Seiten a und b?

11. Beim Aufmessen einer Pflasterfläche wurde versehentlich das Maß b nicht vermessen. Berechnen Sie es nach Bild 2.14.

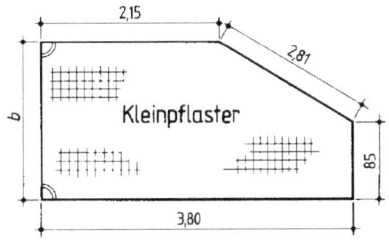

Bild 2.14 Pflasterfläche

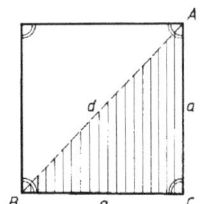

Bild 2.15 Diagonale im Quadrat

12. Eine Kathete eines rechtwinkligen Dreiecks beträgt 14,60 m. Die Länge der Hypotenuse beträgt 16,65 m. Wie lang ist die andere Kathete b?

13. Ein Rundstamm hat einen Durchmesser von 30 cm. Es soll der größtmögliche Balken mit quadratischem Querschnitt daraus geschnitten werden. Berechnen sie die Kantenlänge der Querschnittsfläche.

14. Beim Vermessen einer rechteckigen Fläche sind die beiden Längsseiten nicht zugänglich. Die Breite beträgt b =16,80 m und die Diagonale 28,40 m. Berechnen Sie die Länge des Rechtecks.

15. Erstellen Sie eine Formel für die Diagonale im Quadrat (Bild 2.15).

40

16. Berechnen Sie die Fläche der sechseckigen Betonsäule in Bild 2.16 mit s = d/2 = 43 cm.
Hinweis: Berechnen Sie zunächst die Höhe eines Dreiecks.

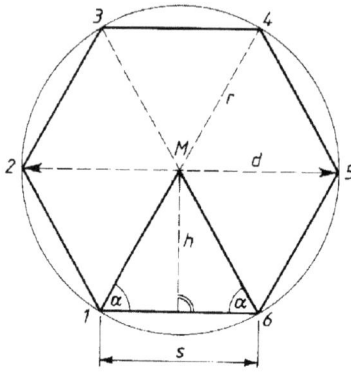

Bild 2.16 Sechseck

2.5.6 Kreis, Kreisteile und Ellipse

Die Kreisfläche berechnet sich nach der Formel:

$$A = \frac{\pi}{4}d^2 = \pi \cdot r^2$$

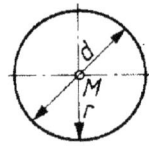
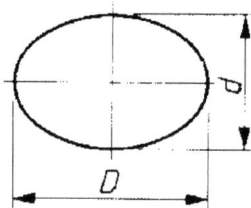

Bild 2.17 Kreis und Ellipse

Für die Berechnung der **Ellipsenfläche** müssen die beiden Durchmesser D und d bekannt
sein:

$$A = \frac{\pi}{4}d \cdot D$$

Der **Kreisausschnitt** ist die Fläche, die von zwei Radien r und dem zugehörigen Kreisbogen
begrenzt wird. Die **Kreisausschnittsfläche** ergibt sich aus der Vollkreisfläche und dem ent-
sprechendem Mittelpunktswinkel im Verhältnis zum Vollkreiswinkel:

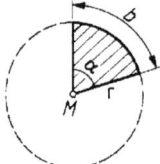
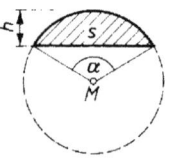
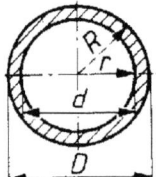

Bild 2.18 Kreisausschnitt, Kreisabschnitt und Kreisring

Der **Kreisabschnitt** wird von der Sehne und dem zugehörigen Kreisbogen begrenzt. Er wird im Bau für Bögen an Türen und Fenstern benötigt.

Die Fläche des Kreisabschnitts kann mit folgenden Formeln berechnet werden:

$$A = \frac{r^2 \cdot \pi \cdot \alpha}{360^0} - \frac{s \cdot (r - h)}{2} \approx \frac{2}{3} s \cdot h$$

Die wesentlich einfachere Näherungsformel ist für den Bau genau genug.

Der **Kreisring** ergibt sich als Differenz zweier Kreisflächen:

$$A = \frac{\pi \cdot D^2}{4} - \frac{\pi \cdot d^2}{4} = (D^2 - d^2) \frac{\pi}{4}$$

Aufgaben

17. Für die Betonsäule mit kreisförmigem Querschnitt sind zu berechnen
    a) die Querschnittsfläche in cm², b) der Umfang in cm.

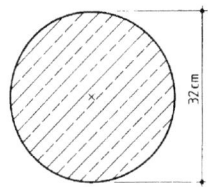
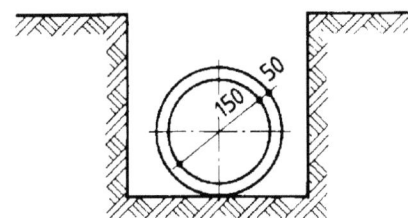

Bild 2.19 Querschnitt   Bild 2. 20 Rohrgrabenquerschnitt

18. Berechnen Sie für das Betonrohr in Bild 2.20 mit Nennweite 150 mm (DN 150)
    a) Die Querschnittsfläche des Innenrohrs in cm²,
    b) den inneren Rohrumfang in cm,
    c) die Querschnittsfläche des Rohrmantels aus Beton im cm².

19. Zwei 12,00 m breite Straßen kreuzen sich. Berechnen Sie die Größe der geplanten Verkehrsinsel in m².

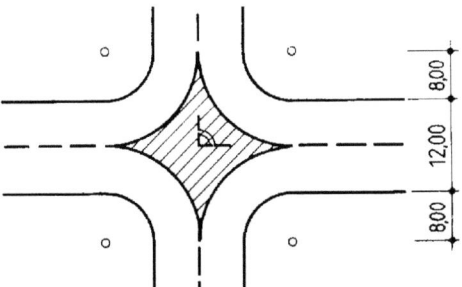

Bild 2. 21 Straßenkreuzung

20. Berechnen Sie den Flächeninhalt eines Kreisrings mit D = 1,42 m und d = 0,70 m.

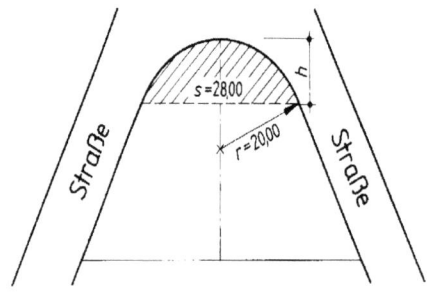

Bild 2.22 Verkehrsinsel

Bild 2.23 Sprossenfenster

21. Beim Aufmaß für die Abrechnung einer Baustelle wurde die Kleinpflasterfläche einer Verkehrsinsel gemessen. Berechnen Sie
   a) die Höhe in m,
   b) die Pflasterfläche in m²

22. Ein Rundholz hat den Durchmesser d = 23 cm.
   a) Welches größtmögliche Kantholz mit quadratischen Querschnitt 12/12 14/14 oder 16/16 cm?
   b) Wie viel Abfall entsteht dabei?

23. Beim Rundbogenfenster (Bild 2.23) sind die Glasflächen im Halbkreis in 30°-Kreisausschnitte durch Sprossen unterteilt. Berechnen sie in m² bzw. in m
   a) die Glasfläche eines Kreisausschnitts (Rahmen bleiben unberücksichtigt),
   b) die gesamte Glasfläche des Fensters,
   c) die Bogenlänge eines Kreisausschnitts.

2.2.7 Zusammengesetzte Flächen

Zusammengesetzte Flächen bestehen aus zwei oder mehreren für sich zu berechnenden Flächen. Die zusammengesetzte Fläche kann aus den Eintelflächen berechnet werden. Man bildet dazu die Summe oder, wenn das vorteilhafter ist, die Differenz der Flächen.

Beispiel

Der Plattenbelag für die Terrasse in Bild 2.24 ist zu berechnen. In der Mitte wird ein kreisförmiger Teich angelegt.

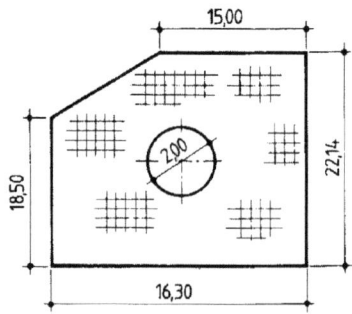

Bild 2.24 Plattenbelag

Ansatz: A = A Trapez **+ A**Rechteck **-A** Kreis

A = 26,42 m² + 332,10 m² -3,14 m² = 355,38 m²

Aufgaben.

24. Berechnen Sie die Flächeninhalte in m² und den Umfang in m zu den Bildern 2.25 a) bis
f).

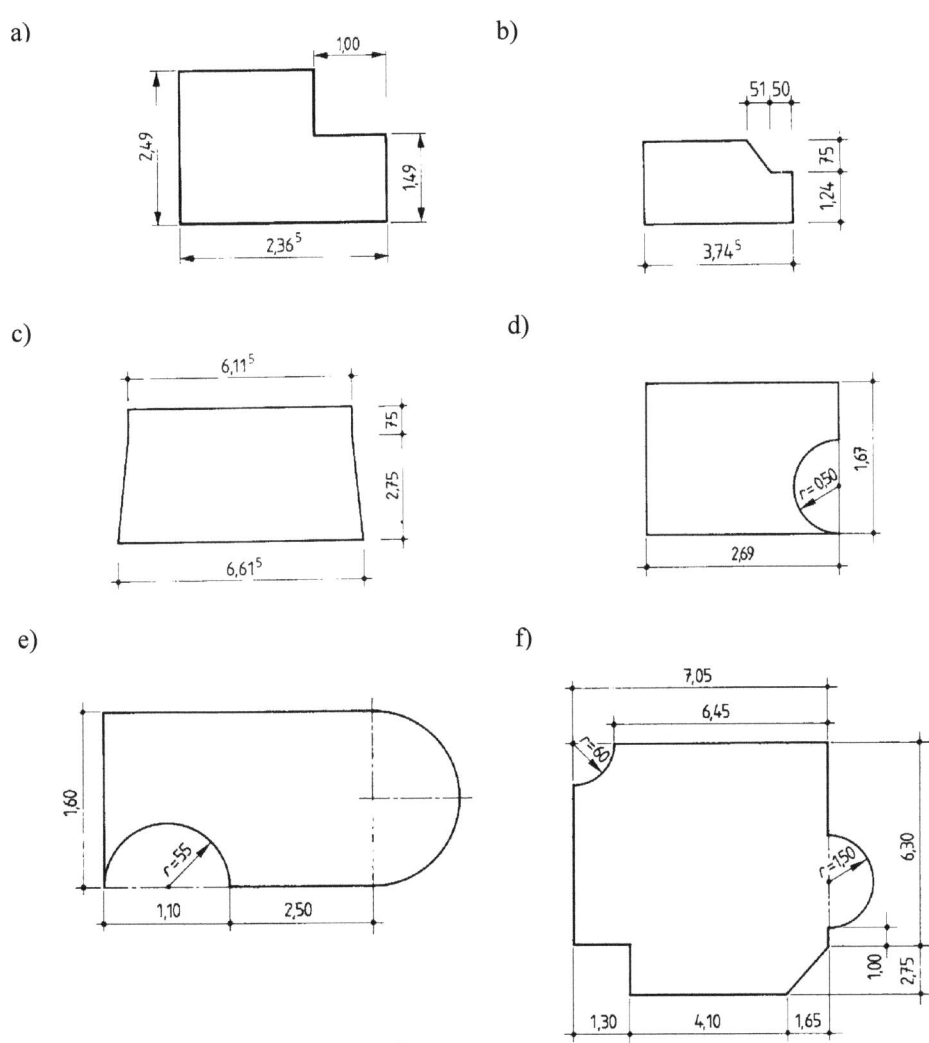

Bild 2.25 Zusammengesetzte Flächen, Maße in m, cm

2.3 Maßstäbe

Grundrisse, Schnitte oder Absichten von Bauwerken oder Bauteilen werden in Zeichnungen im allgemeinen verkleinert dargestellt. Das Verhältnis von Bildgröße zu wirklicher Größe heißt Maßstab und wird als 1: n angegeben. 1 ist dabei immer die Länge in der Zeichnung.

Bei n <1 handelt es sich um eine Vergrößerung.

Beispiel 1 Wirkliche Größe. Will man zum Beispiel ein Strecke, die in einer Zeichnung im Maßstab von 1:1000 5 cm lang ist, in die wirkliche Größe umrechnen, so geht man davon aus, dass die Wirklichkeit 1000 mal größer als die Zeichnung ist, d. h.

$$5 \text{ cm} \cdot 1000 = 5000 \text{ cm} = 50 \text{ m}$$

Beispiel 2 Zeichnungsmaß. Wie groß muss ein Gebäude mit der Länge von 14,65 m und der Breite von 12,25 m im Grundriss im Maßstab 1: 50 dargestellt werden? Die wirkliche Größe muss durch 50 geteilt werden:

$$14,65 \text{ m}/ 50 = 1465 \text{ cm}/50 = 29,3 \text{ cm}$$

$$12,25 \text{ m}/ 50 = 1225 \text{ cm}/ 50 = 24,5 \text{ cm}$$

Aufgaben

1. In welchen Zeichnungsmaßen in cm müssen die angegebenen wirklichen Größen in dem jeweiligen Maßstab dargestellt werden?

	Wirkliche Größe	Maßstab			Wirkliche Größe	Maßstab
a)	3,375 m	1 : 100		e)	61,5 cm	1 : 5
b)	86,5 cm	1 : 50		f)	32,49 m	1 : 1000
c)	4,885 m	1 : 20		g)	8,76 m	1 : 200
d)	14,615 m	1 : 500		h)	38,5 cm	1 : 10

2. Ein Betonteil hat die Länge 3,74 m und die Bbreite 2,81 m. Welches Papierformat wird für die Zeichnung gebraucht

   a) im Maßstab 1 : 20 und b) im Maßstab 1 : 5?

Format A0:	831 mm × 1179 mm		A3:	287 mm × 410 mm
A1:	584 mm × 831 mm		A4:	200 mm × 287 mm
A2:	410 mm × 584 mm			

3. Berechnen Sie die wirklichen Größen in m aus den Zeichnungsmaßen

   a) 14,2 cm — M 1 : 50   e) 2,56 dm — M 1 : 1000

   b) 583 mm — M 1 : 100   f) 5,8 cm — M 1 : 5

   c) 0,76 m — M 1 : 200   g) 3,2 mm — M 1 : 200

   d) 46 mm — M 1 : 500   h) 7,4 cm — M 1 : 100

4. In welchen Maßstäben sind die wirklichen Größen gezeichnet, wenn aus der Zeichnung gemessen wurde:

Wirkliche Größe	Zeichnungsmaßstab		Wirkliche Größe	Zeichnungsmaßstab
a)	5,885 m	11,8 cm	e) 3,14 m	6,28 dm
b)	74 cm	3,7 cm	f) 42 m	4,2 cm
c)	29,50 m	5,9 cm	g) 7,30 m	7,3 cm
d)	0,56 m	56 mm	h) 5,20 m	26 mm

5. Der senkrechte Schnitt durch einen Dachstuhl mit 18,49 m Breite und 6,76 m Höhe soll größtmöglich auf einem DIN-A3-Blatt dargestellt werden. In welchem Maßstab muss gezeichnet werden?

6. Ein Grundstück hat im Lageplan (Maßstab 1 : 500) die Länge 12,42 cm und die Breite 3,48 cm. Welche Maße in m hat das Grundstück in Wirklichkeit?

7. Aus einem Lageplan M 1 : 500 werden für eine rechteckige Pflasterfläche die Maße für die Breite = 12,5 cm und für die Länge = 16,0 cm abgegriffen. Wie groß ist die Fläche in Wirklichkeit?

2.4 Geometrische Grundkonstruktionen

Strecken halbieren (Mittelsenkrechte errichten) Um eine Strecke $\overline{AB}$ zu halbieren, schlägt man mit einem Radius R, der größer als $\overline{AB}/2$ ist, erst einen Kreisbogen um A und anschließend um B. Die Verbindung der Schnittpunkte S_1 und S_2 halbiert die Strecke $\overline{AB}$ (Bild 2.26).

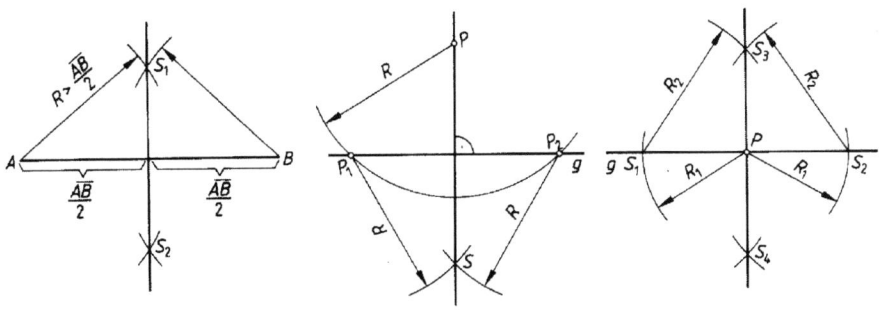

Bild 2.26 Streckenhalbierung   Bild 2.27 Lot fällen   Bild 2.28 Senkrechte errichten

Lot fällen (Senkrechte errichten). Durch den Punkt P soll eine Senkrechte auf der Geraden g errichtet werden. Dazu schlagen wir um P einen Kreisbogen, der g in zwei Punkten (P_1, P_2) schneidet. P_1 und P_2 wählen wir als neue Mittelpunkte und bilden mit dem gleichen Radius einen Schnittpunkt S auf der anderen Seite von g. Die Verbindung von S nach p ergibt die Senkrechte (das Lot) auf die Gerade (Bild 2.27).

Senkrechte errichten. Im Punkt P auf einer Geraden errichtet man einen Senkrechte, indem man mit dem Radius R_1 einen Kreis um P schlägt, der die Gerade in S_1 und S_2 schneidet. Diese Schnittpunkte bilden die neuen Mittelpunkte für Kreisbögen mit dem Radius R_2 ($R_2 >$ R_1). Die Verbindung der neuen Schnittpunkte S_3 und S_4 ist die Senkrechte auf der Gerade g (Bild 2.28).

Strecken teilen. Für die gleichmäßige Teilung einer Strecke AB verwendet man einen Hilfsstrahl, der von A (oder B) aus in die erforderliche Anzahl n gleicher Teile geteilt wird (Zirkelkonstruktion). Nun verbindet man den Endpunkt P_n mit B (bzw. A) und zeichnet Parallelen durch die Punkte P_1 bis P_{n-1}. Die Schnittpunkte S_1 bis S_{n-1} ergeben die gleichmäßige Streckenteilung (Bild 2.29).

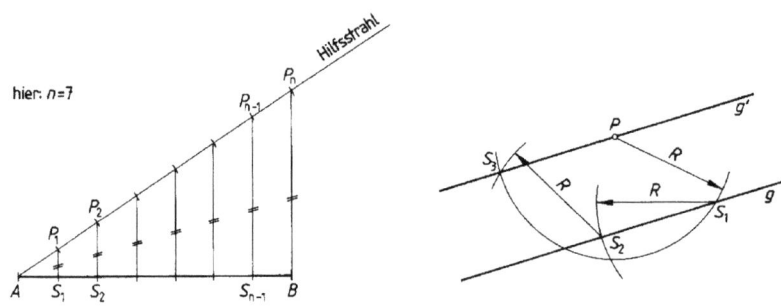

Bild 2.29 Streckenteilung   Bild 2.30 Parallele konstruieren

Konstruieren von Parallelen. Die Parallele g' zur Geraden g durch den Punkt P finden wir durch Konstruktion einer Raute, deren eine Seite ein Teilstück von g ist. Mit dem Radius R schlagen wir einen Kreisbogen so um P, dass er g in einem Punkt S_1 schneidet. Um S_1 schlagen wir mit dem gleichen Radius einen weiteren Kreisbogen, der g abermals, diesmal in S_2 schneidet. Um S_2 wird mit dem gleichen Radius ein Bogen geschlagen, der den ersten Kreisbogen in S_3 schneidet. Die Verbindung von P und S_3 ergibt die Parallele g' zu g (Bild 2.30).

Winkel halbieren. Ein Winkel wird mit Hilfe dreier Kreisbögen mit gleichem Radius halbiert. Dazu schlägt man um einen Scheitelpunkt M des Winkels einen beliebigen Kreisbogen, der die Winkelschenkel in den Punkten S_1 und S_2 schneidet. Um S_1 und S_2 schlägt man wieder Kreisbögen, deren Schnittpunkt S3 – verbunden mit M– die Winkelhalbierende ergibt (Bild 2-31). Entsprechend wird auch ein rechter Winkel halbiert.

Dritteln eines rechten Winkels. Ein rechter Winkel lässt sich durch einen Hilfsradius in drei gleiche Winkel (30^0) teilen. Um den Scheitelpunkt M des 90^0 Winkels schlagen wir dazu einen Kreisbogen, der die Winkelschenkel in S_1 und S_2 schneidet. Mit dem Radius schlagen wir Bögen um S_1 uns S_2, deren Schnittpunkte S_3 und S_4 – verbunden mit M – die gewünschte Drittelung des rechten Winkels ergeben (Bild 2.32).

Entsprechend lassen sich auch alle anderen Winkel in 30^0-Schritten konstruieren. Nimmt man die eben beschriebene Winkelhalbierung hinzu, ist auch die Konstruktion beliebiger Winkel in 15°-Schritten möglich.

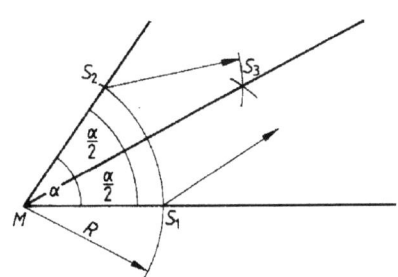

Bild 2.31 Winkelhalbierung

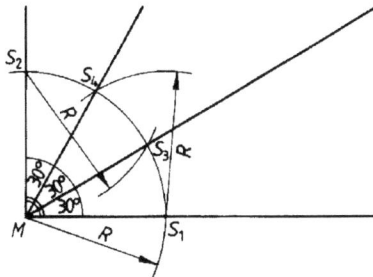

Bild 2.32 Dritteln eines rechten Winkels

Winkel übertragen. Ein Winkel wird an einen andere Stelle übertragen durch Konstruktion eines beliebigen Kreisbogens und der daraus folgenden Sehnenlänge. Um S des gegebenen Winkels schlägt man einen Bogen mit dem Radius R. Den gleichen Bogen schlagen wir um den Scheitelpunkt A des neuen Winkelstandorts mit dem Schnittpunkt S_1. Nun greifen wir im Ursprungswinkel die Sehnenlänge s ab und zeichnen um S_1 einen Bogen, der den Winkelbogen in S_2 schneidet. Die Verbindung von A und S_2 ist der gesuchte Winkelschenkel (Bild 2.33).

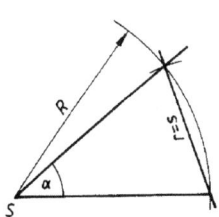

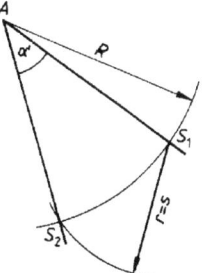

Bild 2.33 Winkelübertragung

Mittelpunkt für einen Kreisbogen konstruieren. Zur Mittelpunktskonstruktion dienen zwei beliebige Sehnen s_1 und s_2. Auf ihnen werden die Mittelsenkrechten errichtet. Der Schnittpunkt beider Mittelsenkrechten ergibt den gesuchten Kreismittelpunkt M (Bild 2.34).

Verbinden von 3 Punkten mit einem Kreisbogen (Segmentbogenkonstruktion). Um die drei Punkte A, B und C mit einem Kreisbogen verbinden zu können, müssen wir den Mittelpunkt M suchen. Wir finden ihn, indem wir die Strecken $\overline{AC}$ und $\overline{BC}$ als Sehnen s_1 und s_2 des gesuchten Kreisbogens betrachten. Weitere Konstruktion wie beim Mittelpunkt (Bild 2.35).

48

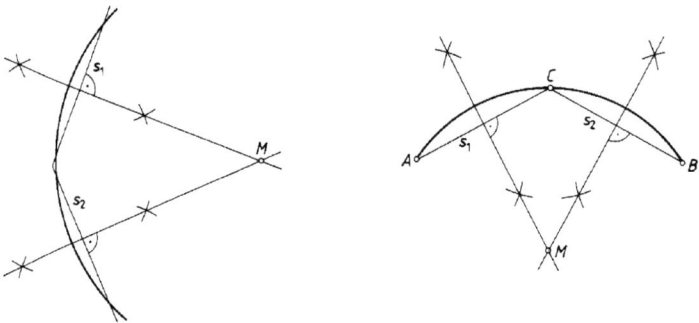

Bild 2.34 Konstruktion des Kreisbogen-Mittelpunkts   Bild 2.35 Segmentbogenkonstruktion

Kreisbogenverbindung 1. Zwei verschieden große Kreise sollen durch einen Kreisbogen mit dem Radius R verbunden werden (Bild 2.36a). Zum Verbinden der beiden Kreise mit den Radien R_1 und R_2 ist ein neuer Mittelpunkt für den Radius R zu bestimmen. Da die Bogenanfänge an beiden Kreisen unbekannt sind, konstruieren wir M mit Hilfe der vorhandenen Mittelpunkte M_1 und M_2. Wie Bild 2-36a zeigt, finden wir M, indem wir um M_1 einen Bogen mit dem Radius ($R-R_1$) und um M_2 einen mit dem Radius ($R-R_2$) schlagen. Um den gefundenen Schnittpunkt M schlagen wir einen Bogen mit dem Radius R (Bild 2.36b).

Planfigur

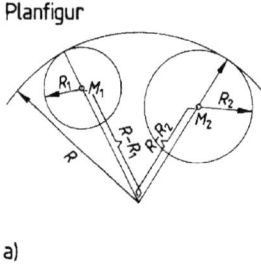

a)

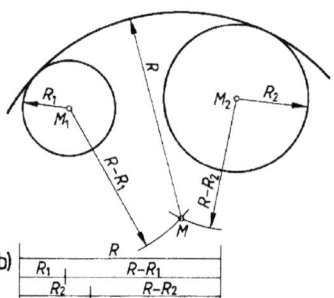

b)

Bild 2.36 Kreisbogenverbindung 1

Planfigur

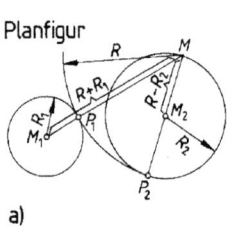

a)

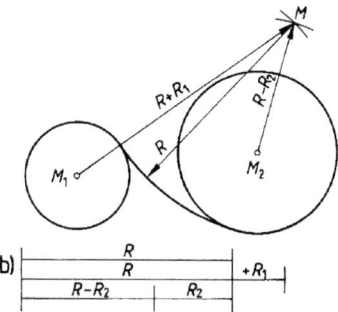

b)

Bild 2.37 Kreisbogenverbindung 2

Kreisbogenverbindung 2. Auch hier bestimmen wir den Mittelpunkt für den neuen Bogen-radius R. Wir denken uns die Punkte P_1 und P_2 des Bogenanschlusses. Da wir wieder die Kreismittelpunkte M_1 und M_2 als Augsangspunkte für die Konstruktion des Kreismittelpunk-tes M brauchen, ergeben sich für die Mittelpunktfindung von M_1 aus der Radius $(R+R_1)$ und von M_2 aus der Radius $(R - R_2)$. Der Schnittpunkt beider Bögen ist der Mittelpunkt M, um den wir einen Kreisbogen schlagen (Bild 2.37).

S-förmiger Bogenanschluss zwischen zwei Parallelen. Vom Punkt P_1 einer Geraden g soll ein S-förmiger Bogen mit dem Radius R zu einer parallelen Geraden konstruiert werden (Bild 2.38a). Wir wissen, dass der Radius senkrecht auf der Tangente des Kreises steht, und zeichnen in P_1 einen rechten Winkel. Ein Bogenschlag mit R um P_1 ergibt den Mittelpunkt M_1. Der Wendepunkt der Krümmung liegt von M_1 und dem noch zu findenden Mittelpunkt M_2 jeweils um 1 R, also von M_1 um 2R entfernt. Andererseits liegt M_2 senkrecht unter dem gedachten Anschlusspunkt P_2 im Abstand von R. M_2 finden wir durch Konstruktion einer Parallelen g' im Abstand R einerseits und durch einen Bogen um M_1 mit dem Radius 2R andererseits. Der Wendepunkt des S-Bogens liegt auf der Verbindungsstrecke $\overline{M_1M_2}$ (Bild 2.38b).

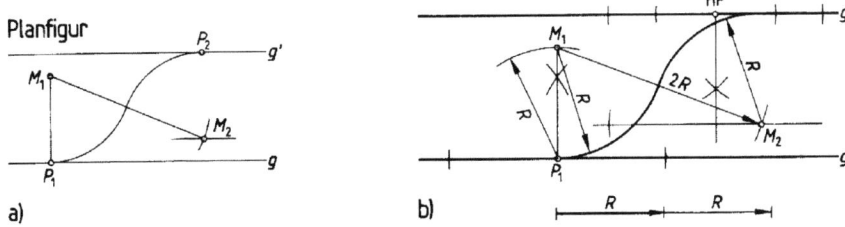

Bild 2.38 S-förmiger Bogenanschluss zwischen zwei Parallelen

Winkel ausrunden. Ein beliebiger Winkel soll mit einem gegebenen Radius R ausgerundet werden. Für die kreisbogenförmige Ausrundung brauchen wir den Mittelpunkt M des Kreis-bogens sowie die Anfangspunkte P_1 und P_2 auf den Winkelschenkeln s_1 und s_2. Dabei sind die Schenkel s_1 und s_2 Tangenten am Ausrundungskreis. M bestimmen wir durch die Kon-struktion von Parallelen zu s_1 und s_2 im Abstand R. Der Schnittpunkt ist der Mittelpunkt des Ausrundungsbogens. P_1 und P_2 findet man durch Fällen des Lotes auf die Schenkel s_1 und s_2 durch den Punkt M (Bild 2.39).

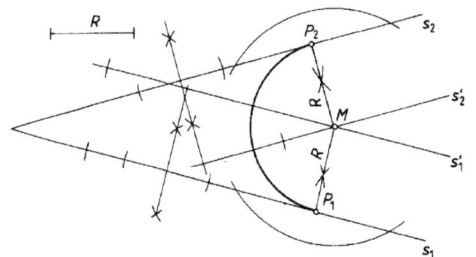

Bild 2.39 Winkel ausrunden

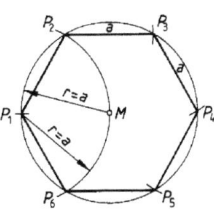

Bild 2.40 Sechseckkonstruktion

Sechseck konstruieren. Ein gleichmäßiges Sechseck mit der Seitenlänge a wird aus einem Kreis mit dem Radius a konstruiert. Dazu zeichnen wir den Kreis mit dem Radius a, wählen darauf einen Punkt P_1 und schlagen von hier aus einen Kreisbogen. So erhalten wir zwei weitere Eckpunkte P_2 und P_6 des Sechsecks. Von P_2 und P_6 aus schlagen wir wieder Kreisbögen mit dem Radius a und bekommen P_3 und P_5. Ein Bogenschlag um P_3 oder P_5 liefert den letzten Eckpunkt P_4 des Sechsecks (Bild 2.40).

Achteck konstruieren. Um ein gleichmäßiges Achteck in ein gegebenes Quadrat mit der Seitenlänge a einzuzeichnen, konstruiert man zunächst die Diagonalen des Quadrats. Dann schlägt man mit dem Radius der halben Diagonale Viertelkreise um die Eckpunkte des Quadrats. Dabei ergeben sich auf jeder Quadratseite zwei Schnittpunkte, die die 8 Ecken des Achteck bilden (Bild 2.41).

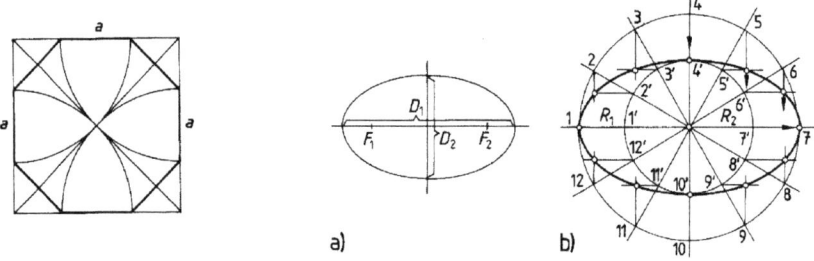

a)   b)

Bild 2.41 Achteckkonstruktion   Bild 2.42 Ellipsenkonstruktion

Ellipsenkonstruktion 1. Eine Ellipse entsteht durch einen schräg geführten Kegelschnitt. Sie hat zwei verschiedene Durchmesser D_1 und D_2 sowie zwei Brennpunkte F_1 und F_2 (Bild 2.42a). Ebenso erscheint eine Kreisfläche, die um eine ihrer Achsen x oder y gedreht wird, bei gleicher Betrachtungsweise als Ellipse. Zur Konstruktion zeichnen wir zwei konzentrische Kreise mit den Radien R_1 und R_2. Diese Kreise teilen wir in möglichst viele Segmente ein (hier 12). Die Ellipsenpunkte finden wir, indem wir die äußeren Punkte des Kreises (1 bis 12) senkrecht nach unten projizieren und gleichzeitig die inneren Punkte des kleineren Kreises (1' bis 12') horizontal nach außen verschieben. Die gefundenen Schnittpunkte sind Ellipsenpunkte (Bild 2.42).

Ellipsenkonstruktion 2 (Faden- oder Gärtnerkonstruktion). Da die Ellipse der geometrische Ort aller Punkte einer Ebene ist, für die die Summe der Abstände von zwei festen Punkten, den Brennpunkten, konstant ($= R_1 + R_2$) ist, lässt sich eine Ellipse mit Hilfe eines Fadens der Länge $R_1 + R_2$ konstruieren. Der Faden wird an den zwei Brennpunkten befestigt und mit einem Pfahl oder Stift kann der Ellipsenumfang gezogen werden (Bild 2.43).

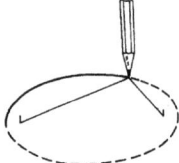

Bild 2.43 Faden- oder Gärtnerkonstruktion der Ellipse

Aufgaben

1. Teilen Sie eine 14,7 cm lange Strecke in 8 gleiche Teile ein.

2. Halbieren Sie die $30°$ und $60°$ Winkel eines Zeichendreiecks.

3. Zeichnen Sie ein Dreieck aus den Seitenlängen a = 5,5 cm, b = 6,3 cm, c = 7,8 cm. Konstruieren Sie den Schnittpunkt der Mittelsenkrechten. Er ist der Mittelpunkt des Umkreises. Zeichnen Sie diesen Umkreis.

4. Konstruieren Sie ein Dreieck aus den Seiten a = 4,5 cm, b = 6,7 cm, $\gamma = 90°$. Zeichnen Sie dann zwei Winkelhalbierende, um den Mittelpunkt des Inkreises zu finden. Fällen Sie das Lot von M auf eine Dreiecksseite. Es bildet den Radius des zu zeichnenden Inkreises.

5. Bestimmen Sie den Schwerpunkt S eines durch zwei Winkel und die anliegende Seite gegebnen Dreiecks durch Konstruktion der Seitenhalbierenden. $\alpha = 35°$, $\beta = 82°$, c = 6,3 cm.

6. Zeichnen Sie einen beliebigen Kreisbogen (Glas, Teller, Kreisschablone) und konstruieren Sie seinen Mittelpunkt.

7. Eine Maueröffnung von 1,51 m Breite soll mit einem Segmentbogen überspannt werden. Stichhöhe 25,0 cm. Konstruieren Sie den Segmentbogen im M 1:10.

8. Wählen Sie zwei Kreismittelpunkte M_1 und M_2 im Abstand von 8 cm. Zeichnen Sie die beiden Kreise mit den Radien r_1 = 3,0 cm und r_2 = 3,5 cm. Verbinden Sie die Kreise durch einen Kreisbogen mit R = 9,0 cm.

9. Zeichnen Sie einen $45°$-Winkel mit dem Geometriedreieck. Runden Sie den Winkel mit dem Radius R = 3,0 cm aus.

10. Konstruieren Sie ein gleichmäßiges Sechseck mit der Seitenlänge a = 4,0 cm.

11. Aus einem Quadrat mit der Seitenlänge a = 6,0 cm ist ein gleichseitiges Achteck zu konstruieren.

12. Von einer Ellipse sind die beiden Durchmesser D_1 = 10,0 cm und D_2 = 7,0 cm bekannt. Konstruieren Sie die Ellipse.

2.5 Längen- und Rechtwinkelmessung

Bei der Vermessung werden Punkte (z. B. Gebäudeecken) und Höhen nach dem Bauplan in das Gelände übertragen. Die Vermessungsarbeiten müssen sehr genau ausgeführt werden, da bei Messfehlern z. B. Gebäude falsch stehen, eine Grenze überbaut wird oder eine Geschossdecke die falsche Höhe hat.

Rechtwinkligkeit. Wenn die Gebäudeecken mit Holzpflöcken oder Fluchtstäben abgesteckt sind, wird die Rechtwinkligkeit des Gebäudes durch Nachmessen der Diagonalen kontrolliert. Dazu berechnen wir die Diagonalen mit dem Lehrsatz des Pythagoras aus den Gebäudeseitenlängen bzw. den Absteckmaßen.

Beispiel (Bild 2.44) Gebäudelänge   a   = 27,00 m - 6,00m = 21,00 m

         Gebäudebreite   b = 22,25 m - 8,00 m = 14,40 m

         Pythagoras $a^2 \; + \; b^2 = d^2$

         Diagonale

$$d = \sqrt{a^2 + b^2} = \sqrt{21{,}00^2\,m^2 + 14{,}24^2\,m^2} =$$
$$d = \sqrt{441{,}00 + 203{,}0625}\,m = 25{,}378\,m \approx 25{,}38\,m$$

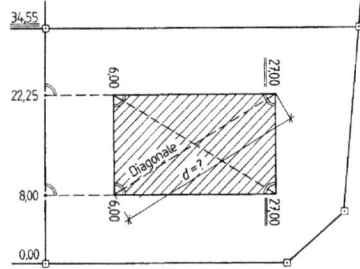

Bild 2.44 Prüfen der Rechtwinkligkeit durch
                        Diagonalen

Prüfen der Absteckung. Durch Vergleichen gemessener Gebäudelängen und -breiten sowie von Streben mit den gerechneten Werten können wir die Absteckung prüfen.

Beispiel Für die Bauabsteckung in Bild 2.45 sind die Gebäudelängen und -breiten sowie die Streben mit dem Lehrsatz des Pythagoras zu berechnen.

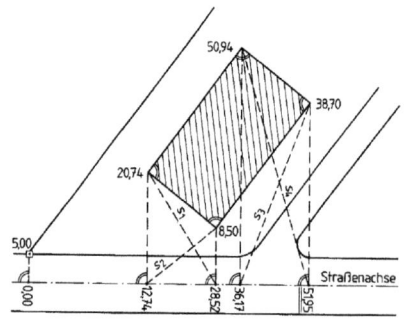

Bild 2.45 Prüfen der Absteckung
                  durch Streben

Gebäudebreite

$$b = \sqrt{(28,52\,m - 12,74\,m)^2 + (20,74\,m - 8,50\,m)^2}$$

$$b = \sqrt{294,01\,m^2 + 149,82\,m^2} = \sqrt{398,83\,m^2}$$

$$b = 19,97\,m$$

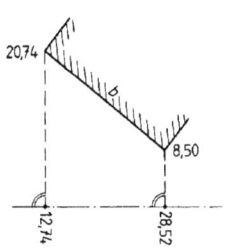

Bild 2.46 Gebäudebreite

Gebäudelänge

$$l = \sqrt{(50,94\,m - 20,74m)^2 + (36,17\,m - 12,74\,m)^2}$$

$$l = \sqrt{912,04\,m^2 + 548,96\,m^2} = \sqrt{1461,00\,m^2}$$

$$l = 38,22\,m$$

Streben

$$s_1 = \sqrt{(28,52\,m - 12,74m)^2 + (20,74m)^2}$$

$$s_1 = \sqrt{249,01\,m^2 + 430,15\,m^2} = \sqrt{679,16\,m^2}$$

$$s_1 = 26,06\,m$$

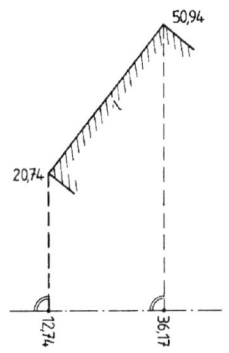

Bild 2.47 Gebäudelänge

$$s_2 = \sqrt{(28,52\,m - 12,74m)^2 + (8,50\,m)^2}$$

$$s_2 = \sqrt{249,01\,m^2 + 72,25\,m^2} = \sqrt{321,26\,m^2}$$

$$s_2 = 17,92\,m$$

$$s_3 = \sqrt{(51,95\,m - 36,17m)^2 + (38,70\,m)^2}$$

$$s_3 = \sqrt{249,01m^2 + 1497,69m^2} = \sqrt{1746,70\,m^2}$$

$$s_1 = 41,79\,m$$

$$s_4 = \sqrt{(51,94\,m - 36,17m)^2 + (50,94\,m)^2}$$

$$s_4 = \sqrt{249,01\,m^2 + 2594,88\,m^2} = \sqrt{2843,89\,m^2}$$

$$s_4 = 53,33m$$

Die berechneten Gebäudebreiten und -längen sind mit den im Lageplan angegebenen Maßen zu vergleichen. Unstimmigkeiten müssen vor der Bauausführung geklärt werden.

Aufgaben

1. Zur Prüfung der Rechtwinkligkeit ist die Diagonale bei der Bauabsteckung (Bild 2.48) zu berechnen.

2. Die Diagonalen sind zu berechnen, um die Rechtwinkligkeit prüfen zu können (Bild 2.49).

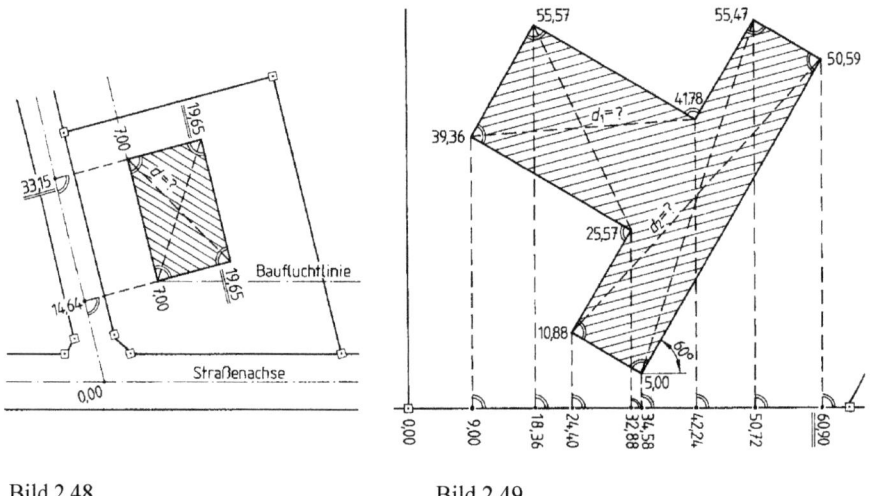

Bild 2.48   Bild 2.49

3. Ermitteln Sie die beiden Diagonalen d_1 und d_2 bei der Bauabsteckung Bild 2.50.

4. Für das abzusteckende Gebäude in Bild 2.51 sollen die Diagonale d und das Außenmaß b ermittelt werden.

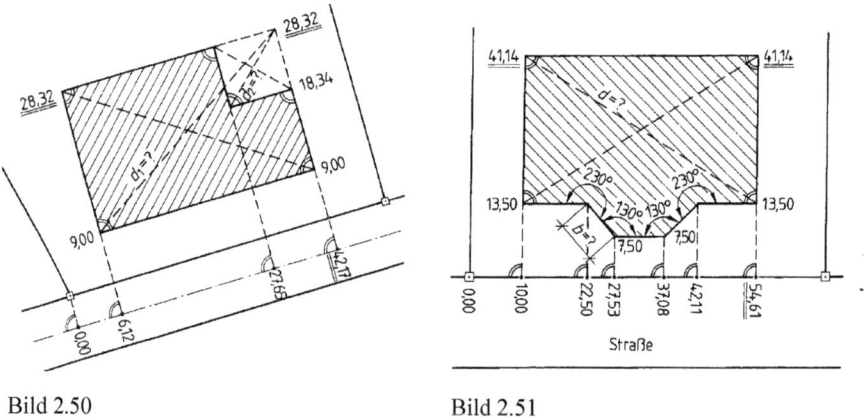

Bild 2.50   Bild 2.51

5. Wie lang sind d_1 im rechteckigen und d_2 im sechseckigen Grundriss der Bauabsteckung in Bild 2.52?

6. Berechnen Sie die Streben S_1 bis S_4 sowie die Diagonale d, um die Absteckung in Bild 2.53 zu prüfen.

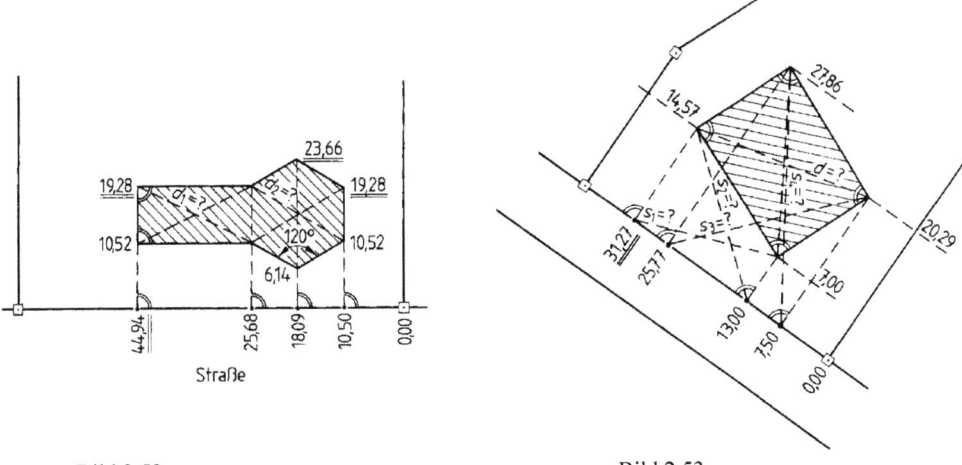

Bild 2.52   Bild 2.53

7. Im Lageplan Bild 2.54, nach dem die Bauabsteckung ausgeführt werden soll, fehlen die beiden Absteckmaße x und y. Außerdem sind d_1 und d_2 zu berechnen.

8. Zur Prüfung der Absteckung 2.55 sind zu berechnen:
   a) die drei Außenmaße l, b und a   b) die beiden Diagonalen d_1 und d_2.

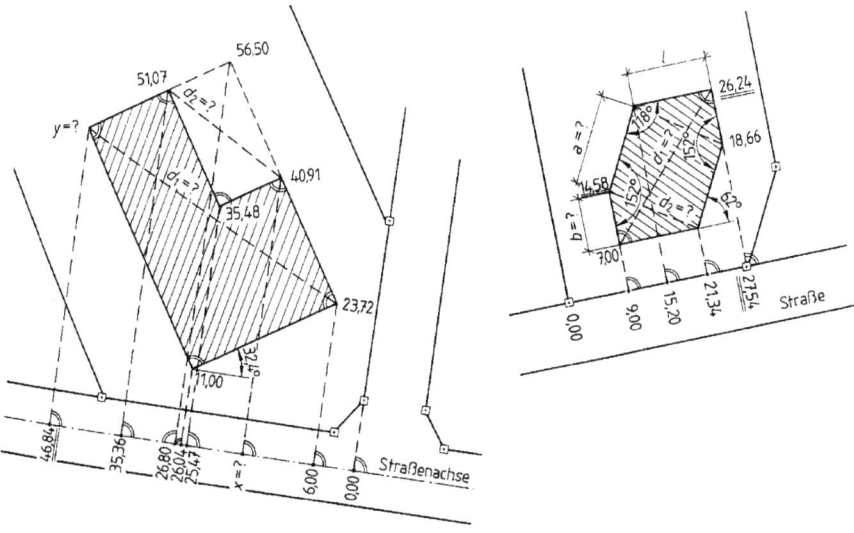

Bild 2.54   Bild 2.55

9. Wie lang sind bei der Bauabsteckung in Bild 2.56

   a) die Außenmaße des Gebäude I_1 und I_2 sowie b_1 bis b_3 und

   b) die Diagonalen d_1 und d_2?

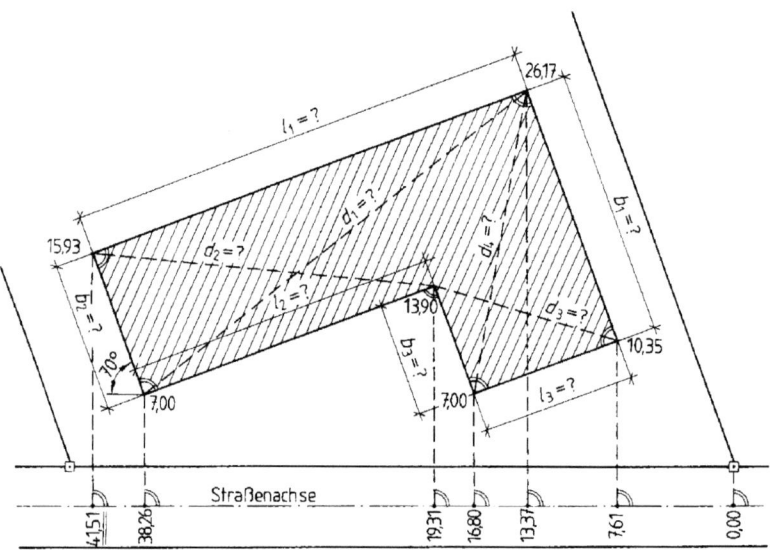

Bild 2.56

3 Erschließen und Gründen eines Bauwerkes

3.1 Höhenmessungen

Übertragen von Höhen durch Nivellieren. Der Architekt legt im Bauantrag die Höhe der Oberkante des Erdgeschossfußbodens fest. Wir legen bei Baubeginn auf der Baustelle die Höhe der Oderkante (OK) Erdgeschossfußboden (EG) am Schnurgerüst fest. Dazu schlagen wir auf dieser Höhe einen Nagel ein oder legen eine Brettoberkante des Schnurgerüsts auf diese Höhe fest. Um die Höhe OK Erdgeschossfußboden einmessen zu können, wird die bekannte Höhe vom nächstgelegenen verbindlichen Höhenfestpunkt an das Schnurgerüst übertragen. Ist dieser Punkt zu weit entfernt, wird die Höhe eines näher gelegenen Hilfspunkt (Kanal- oder Hydrantendeckel, Bordsteinkanten oder Festpunkte an Nachbargebäuden) übertragen.

Beispiel

Die Höhe des Erdgeschossfußbodens im Haus Bild 3.1 ist mit 106,72 m ü. NN festgelegt. Bekannt ist die Höhe eines Höhenfestpunktes an einem benachbarten Haus mit 98,54 m. In welchem Abstand von OK Pfosten des Schnurgerüsts muss die Brettoberkante festgenagelt werden? Beim Rückblick liest man 2,68 m, beim Vorblick 1,53 m ab.

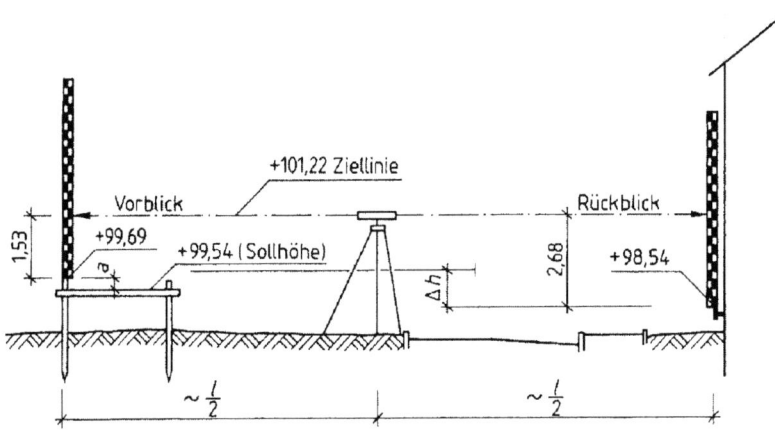

Bild 3.1 Nivellement vom Höhenfestpunkt

Ausrechnung über Ziellinie

Zunächst brauchen wir die Höhe der Ziellinie.

$$\text{Ziellinie} = \text{Höhe des Festpunkts} + \text{Rückblick}$$
$$= + 98,54 \text{ m} + 2,68 \text{ m} = +101,22 \text{ m ü NN}$$

Höhe des Pfostens am Schnurgerüst = Ziellinie - Vorblick

= + 101,22 m -1,53 m = + 99,69 m ü. NN

Pfostenabstand bis Brettoberkante (= Erdgeschossfußboden)

a = + 99,69 m - (+99,54 m) = 0,15 m

Ausrechnung über Höhenunterschied

Höhenunterschied Δh = Rückblick R - Vorblick V

Δh = 2,68 m - 1 53 m = 1,15 m

Höhe des Pfostens = + 98,54 m + 1,15 m = + 99,69 m ü. NN

Pfostenabstand bis Brettoberkante

a = + 99,69 m - (+ 99,54 m) = 0,15 m

Ist der nächstgelegene Höhenfestpunkt oder Hilfspunkt zu weit weg, sodass wir ihn vom Gerätestandpunkt mit einem Rückblick nicht anvisieren können, legen wir Wechselpunkte dazwischen (Bild 3.2). Die Höhe wird nun erst auf die Wechselpunkte übertragen und zum Schluss auf das Schnurgerüst. Bei mehr als einem Rückblick und Vorblick werden die Messergebnisse in ein Formblatt eingetragen., worin auch die Höhen ausgerechnet werden.

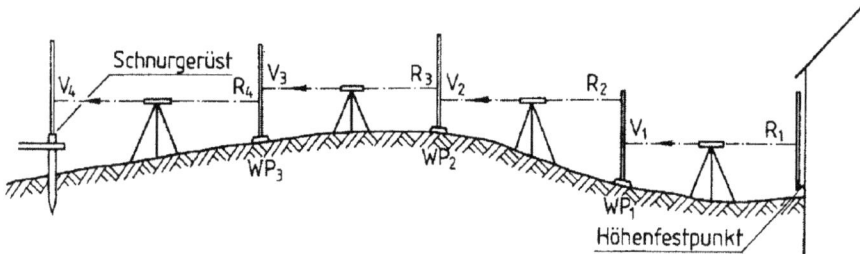

Bild 3.2 Nivellement mit Wechselpunkten

Festpunktnivellement und Schleifennivellement. Um festzustellen, wie groß der Fehler unserer Höhenmessung ist, führen wir ein Festpunkt- oder Schleifennivellement aus. Beim Festpunktnivellement beginnen wir bei einem Höhenfestpunkt, nivellieren zum Schnurgerüst und messen weiter zu einem anderen Höhenfestpunkt, an dem wir die Messung abschließen. Beim Schleifennivellement schließen wir die Höhenmessung dagegen an e i n e m Höhenfestpunkt an und ab.

Beispiel

Welche Höhe über NN hat der Pflock des Schnurgerüsts an der Baustelle Kaiserstrae? Ausgeführt wurde ein Festpunktnivellement, das am Höhenfestpunkt 12, südlicher Straße 48, anschloss und am Höhenfestpunkt 16, Danziger Straße 18, abschloss (Bild 3-3). Die Nivellierstrecke vom Höhenfestpunkt zu Höhenfestpunkt über die 4 Wechselpunkte betrage ca. 700 m.

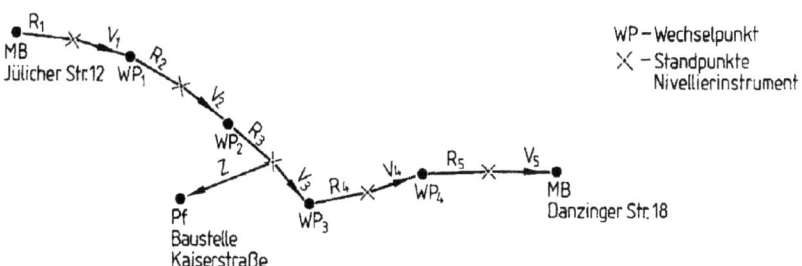

Bild 3.3 Festpunktnivellement

Wir tragen alle Messwerte in ein Formblatt ein (Bild 3.4).

Punkt -nr.	Ablesungen			Δh	Höhe über NN.	Bemerkungen
	Rück- blick	Zwi- schen -blick	Vor- blic k			
MB	0,312				153,416	Mauerbolzen, Jülicher Str.12
WP1	1,139		1,701			
WP2	1,936		1,628			
Pf.		0,286				Pflock, Baustelle Kaiserstra- ße
WP3	2,524		1,432			
WP4	1,793		0,985			
MB			1,327		154,05 3	Mauerbolzen, Danzigerstr.18
Σr =	7,704	Σv =	7,073	Δh$_{soll}$ =	0,637	
				Σr- Σv =	0,631	
				Feh- ler	0,006	

Bild 3.4 Ausrechnung über Höhenunterschied

Wir berechnen die Summe der Rückblicke Σr und die Summe der Vorblicke Σv und anschließend die Differenz

$$\Sigma r - \Sigma v = \Delta h_{ist} = 0{,}631 \text{ m}$$

Δh_{ist} ist der gemessene Höhenunterschied. Diesen Höhenunterschied vergleichen wir mit dem tatsächlich vorhandenen Höhenunterschied zwischen den beiden Höhenfestpunkten. Der tatsächlich vorhandene Höhenunterschied Δh_{soll} beträgt 0,637 m. Wir haben bei unserer Messung also einen Fehler von 6 mm gemacht.

Wir müssen überprüfen, dass dieser Fehler nicht größer als der zulässige ist. Wenn der Fehler größer als der zulässige ist, muss die Messung wiederholt werden. Für den zulässigen Fehler Z_H gilt:

$$Z_H = 0,002m + 0,006m\sqrt{\frac{S}{1000m}}$$

Für S ist die gesamte Nivellierstrecke in m einzusetzen (Bild 3.1).

Mit einer Strecke von 700 m ergibt sich ein zulässiger Fehler von

$$Z_H = 0,002m + 0,006m\sqrt{\frac{700m}{1000m}} = 0,007m = 7mm$$

Der von uns festgestellte Fehler von 0,006m = 6 mm ist demnach zulässig.

Wir haben 6 mm zu wenig gemessen. Diese fehlenden 6 mm werden nun auf die Rückblicke verteilt, proportional zur Größe der Rückblicke (Bild 3.5). Mit den korrigierten Werten für die Rückblicke berechnen wir nun die Höhenunterschiede und anschließend die Höhen über NN.

Höhenunterschied

$$\Delta h = \text{Rückblick R - Vorblick V oder Zwischenblick Z}$$

oder

$$\Delta h = \text{Zwischenblick Z - Vorblick V}$$

Punkt Nr.	Ablesungen			Δh	Höhe über NN.	Bemerkungen
	Rück-blick	Zwi-schen-blick	Vor-blick			
MB	0,312 [+1]				153,416	Mauerbolzen, Jülicher Str.12
WP1	1,139 [+1]		1,701	-1,388	152,028	
WP2	1,936 [+1]		1,628	-0,488	151,540	
Pf.		0,286		1,651	**153,191**	Pflock, Baustelle Kaiserstraße
WP3	2,524 [+1]		1,432	-1,146	152,045	
WP4	1,793 [+2]		0,985	1,540	153,585	
MB			1,327	0,468	154,053	Mauerbolzen, Danzigerstr.18
$\Sigma r =$	**7,704**	$\Sigma v =$	**7,073**	$\Delta h =$	0,637	
				$\Sigma r - \Sigma v =$	0,631	
				Fehler	0,006	

Bild 3.5 Korrektur der Rückblicke, Berechnung des Höhenunterschiedes und der Höhe über NN

Die gesuchte Höhe des Pflockes in der Kaiserstr. Beträgt 153,191 m.

Aufgaben

1. Die Baugrube 3-6 soll 2,95 m tief unter OK Erdgeschoß (± 0,0) ausgeschachtet werden. Wie viel cm müssen noch tiefer geschachtet werden?

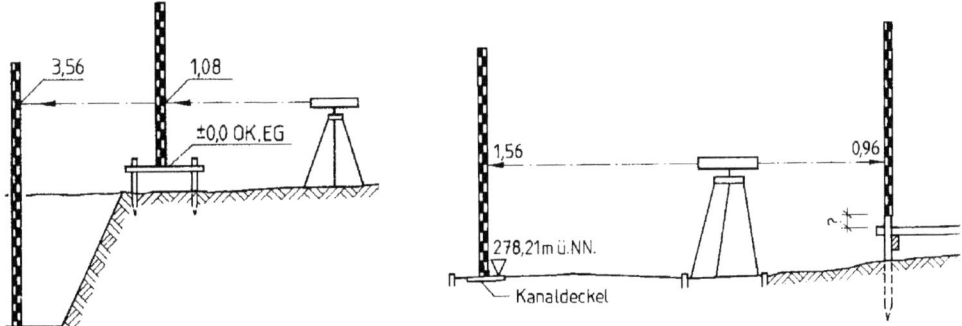

Bild 3.6 Höhenbestimmung Baugrube   Bild 3.7 Höhenübertragung Schnurgerüst

2. In welchem Abstand von OK Pfosten des Schnurgerüsts 3.7 muss die Brettoberkante festgenagelt werden, wenn die Höhe des Erdgeschossfußbodens 278,63 m ü. NN betragen soll?

3. Beim Einschalen der Erdgeschoßdecke in Bild 3.8 ist zu prüfen, ob diese die angegebene Höhe von 185,53 m ü NN hat. Als Deckendicke sind insgesamt 26 cm anzunehmen. Um wie viel cm ist die Schalung anzuheben oder zu senken?

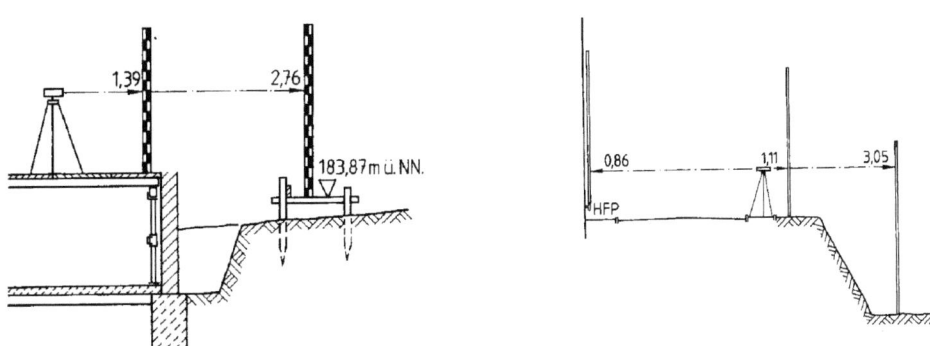

Bild 3.8 Höhenmessung Deckenschalung   Bild 3.9 Höhenmessung der Baugrubensohle

4. Wir groß ist die NN-Höhe der Baugrubensohle und wie tief ist die Baugrube 3.9, wenn der Festpunkt eine Höhe von 124,51 m ü. NN hat?

5. Zur Massenermittlung der Erdarbeiten wurde vor dem Baugrubenaushub die Oberflächenform des Geländes durch Querprofile erfasst. Welche NN-Höhe haben die aufgenommenen Geländepunkte im Querprofil 3.10?

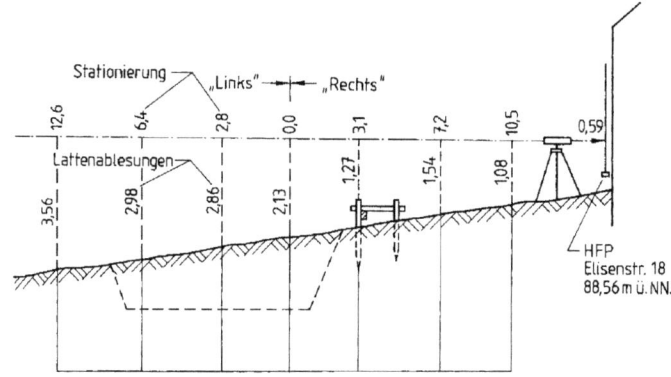

Bild 3.10 Höhenaufnahme des Geländes

6. Die verlegte Grundleitung ist nach den Höhenangaben im Querprofil 3.11 zu kontrollieren. Welche Höhen zeigt die Messlatte, wenn die Grundleitung richtig verlegt wurde?

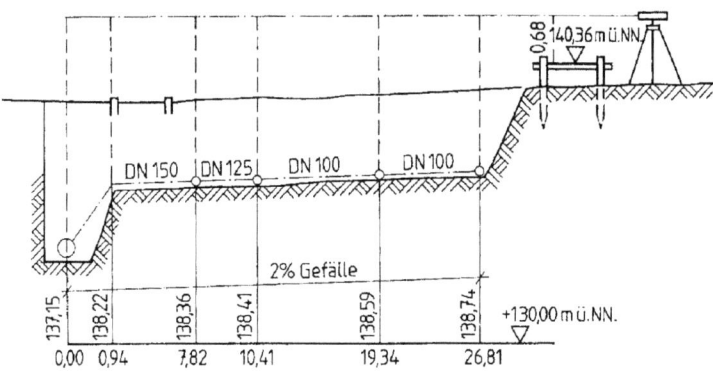

Bild 3.11 Höhenkontrolle der Grundleitung

7. Um die Höhe des Schnurgerüstpflocks auf der Baustelle Tannenweg zu bestimmen, wurde ein Schleifennivellement gemessen, das anhand des Nivellementformulares auszurechnen ist.

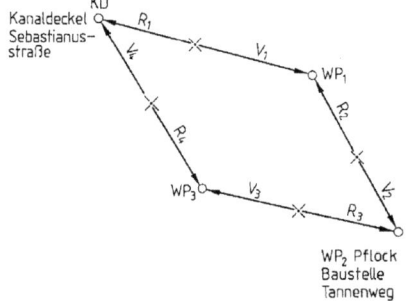

Bild 3.12 Schleifennivellement

Punkt Nr.	Ablesungen			Δh	Höhe über NN.	Bemerkungen
	Rück-blick	Zwischen-blick	Vor-blick			
KD	2,685				205,689	Kanaldeckel, Sebastanusstr.
WP1	3,714		2,562			
WP2	2,165		2,884			Pflock, BaustelleTannenweg
WP3	3,543		3,976			
KD			2,683		205,689	Kanaldeckel, Sebastanusstr.

Bild 3.13 Schleifennivellement

Die Länge S beträgt ca. 500 m.

8. Berechnen Sie die Höhe des Pflocks auf der Baustelle Kupferstr.32

Punkt Nr.	Ablesungen			Δh	Höhe über NN.	Bemerkungen
	Rück-blick	Zwischen-blick	Vor-blick			
HFP	2,734				58,734	Höhenfestpunkt Ringstr.44
WP1	3,146		1,831			
WP2	2,461		1,984			
WP2	1,645		2,138			
Z1		3,486				Pflock, Baustelle Kupferstraße 32
WP4	1,923		1,587			
WP5	1,085		2,127			
WP6	0,765		2,642			
HFP			2,895		57,292	Höhenfestpunkt Grabenstr.88

Bild 3.14 Festpunktnivellement

Die Länge S der Gesamtstrecke beträgt ca. 600 m.

3.2 Winkel, Steigung, Neigung und Gefälle

3.2.1 Winkelmaße und Winkelteilung

Das Winkelmaß in der Bautechnik ist die Teilung eines Vollkreises in 360 gleiche Teile. Ein Vollkreis hat somit 360° (grad, Bild 3-15). Ein rechter Winkel entspricht einem Viertelkreis, also 90°. Die üblichen Bezeichnungen sind:

	Kurzzeichen	
1 Grad	1°	90. Teil eines rechten Winkels
1 Minute	1'	60. Teil des Grades
1 Sekunde	1"	60. Teil der Minute

$$1° = 60'$$
$$1' = 60''$$
$$1° = 60' = 3600''$$

In einem Teilen der Bautechnik, in der Vermessungstechnik, ist seit 1937 eine neue Winkelteilung vorgeschrieben. Der Vollkreis hat hier 400 Teile, ein rechter Winkel 100 Teile (Bild 1-16). Seitdem wird die 360° -Kreisteilung auch als Altgradteilung, die 400-gon-teilung als Neugradteilung bezeichnet.

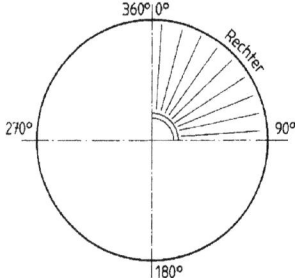   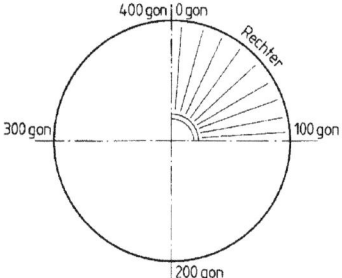

Bild 3.15 Kreisteilung 3600 (Altgradteilung)   Bild 3.16 Kreisteilung 400 gon (Neugradteilung)

Die weitere Unterteilung des Gon erfolgt in hundertstel Schritten in Neuminutren und Neusekunden (1gon = 1^g = 100^c = 10000^{cc}) oder mit Vorsätzen (1 gon = 1000 mgon).

Die Hunderterteilung bringt gegenüber der Altgradteilung Rechenvorteile.

Für Berechnungen in der 360°-Teilung ist es oft erforderlich eine Winkelangabe in Grad, Minuten und Sekunden in eine Dezimalzahl umzurechnen

Beispiel 1 $36°14'36'' = 36,2433°$ oder umgekehrt

$48,1213° = 48^0 7' 17''$

Beispiel 2

Umrechnen des Winkels $36°14'36''$ in eine Dezimalzahl

$$14 : 60 \quad = 0,23333$$
$$36 : 3600 = \underline{0,01}$$
$$0,24333$$
$$36° + 0,24333° = 36,24333^0$$

Mit vielen neuen Taschenrechnern geht diese Umrechnung automatisch und man braucht nach der Winkeleingabe nur die folgende Taste zu drücken:

$$\boxed{\circ \ ' \ ''}$$

Beispiel 3

Umrechnen der als Dezimalzahl gegebenen Winkelgröße 48,1213° in Grad, Minuten und Sekunden.

$$48° + 0,1213° \cdot 60 = 48° + 7,278'$$

$$7' + 0,278 \cdot 60'' = 7' + 16,68'' \approx 7' + 17''$$

$$48,1213° = 48° \ 7' 17''$$

Das lässt sich einfacher auf dem Taschenrechner mit der Shift-Taste und der oben abgebildeten Taste ermitteln.

Aufgaben

1. Wandeln Sie folgende Winkel in Grad und Sekunden um: a) 216', b) 36', c) 78', d) 62'

2. Rechnen Sie die folgenden Winkelgrößen in Dezimalzahlen um. Runden Sie dabei auf 4 Stellen: a) 10°4'36'', b) 30°44'52'', c) 1°30'15''

3. Die folgenden Winkelgrößen sind als Dezimalzahl gegeben. Rechnen Sie sie in Grad, Minuten und Sekunden um. a) 32,7°, b) 64,2°, c) 45,8°

4. Bilden Sie die Summe der Winkel in Grad, Minuten und Sekunden.

a) 34° 17'	b) 42°27'44''	c) 12° 9'
62°54'	18°49'11''	24°16'
7°18'	79°45'52'	48°34'
90°32'	7°11'38''	6°22''

3.2.2 Steigung, Neigung, Gefälle und Böschungswinkel

Im Bauwesen existieren mehrere Begriffe, die die Steigung beschreiben.

Bei Treppen spricht man von Steigung, bei Dächern und Böschungen von Neigungen und bei Entwässerungsanlagen von Gefälle. Bei Straßen kommen die Begriffe Gefälle und Steigung zur Anwendung. Mathematisch ist in allen Fällen das Verhältnis von Höhe h zu Länge l gemeint.

Die Steigung geben wir entweder als Zahlenverhältnisangabe oder in Prozent an.

$$\frac{h}{l} = \frac{1}{n} = p$$

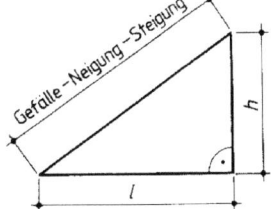

Bild 3.17 Gefälle, Neigung, Steigung

Dabei bezeichnet man 1: n als **Steigungsverhältnis**, n ist die **Verhältniszahl** und p ist die **Gefälleangabe in Prozent**.

Aufgabe

5. Leiten Sie durch Umstellen der Verhältnisgleichung

$$1: n = \text{Höhe } h : \text{Länge } l$$

die Formeln ab a) für die Verhältniszahl, b) für die Länge und c) für die Höhe.

Steigungsverhältnis

Beispiel 1

Auf 1250 m waagrechter Länge fällt die Straße um 62,50 m. Wie groß ist das Gefälle?

$$n = \frac{l}{h} = \frac{1250 \text{ m}}{62,50 \text{ m}} = 20$$

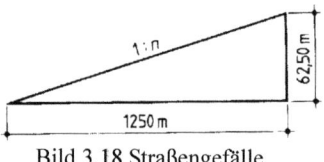

Das Gefälle beträgt 1: 20.

Bild 3.18 Straßengefälle

Beispiel 2

Das Satteldach in Bild 3.19 hat eine Neigung von 1 : 1,5 bei einer Hausbreite von 14,40 m. Welche Höhe hat das Dach?

$$h = \frac{l}{n} = \frac{7,20 \text{ m}}{1,5} = 4,8 \text{ m}$$

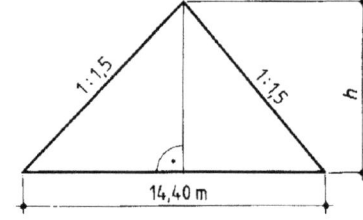

Die Höhe des Daches beträgt 4,8 m.

Bild 3.19 Satteldach

Beispiel 3

Eine Böschung ist 3,50 m hoch und hat eine Neigung von 1:8. Wie breit ist der Böschungsfuß?

$$l = b = n \cdot h = 8 \cdot 3,50 \text{ m} = 28 \text{ m}.$$

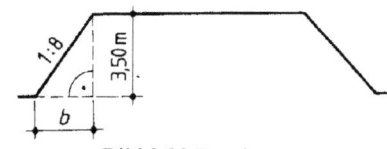

Die Breite beträgt 28 m.

Bild 3.20 Böschung

Ist die Höhe größer als die Länge, so wird in der Steigungsangabe die Länge l gleich 1 gesetzt.

Beispiel

Wie groß ist das Steigungsverhältnis in Bild 3.21?

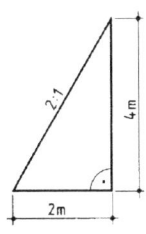

$$\frac{h}{l} = \frac{x}{1}$$

$$\frac{4m}{2m} = \frac{x}{1}$$

$$x = 2$$

Das Steigungsverhältnis beträgt 2 : 1

Bild 3.21 Steigungsverhältnis h > l

Gefälleangaben in Prozent

Beispiel

Ein Gefälle von 2 % bedeutet, dass die Rohrleitung auf 100 m waagrechte Rohrleitungslänge um 2 m fällt.

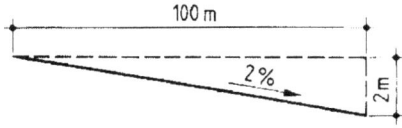

Bild 3.22 Gefälle einer Rohrleitung 2 %

Aufgabe

6. Leiten Sie durch Umstellen der Verhältnisgleichung h : l = p : 100 % die Formel a) für den Prozentsatz, b) für die Länge l und c) für die Höhe ab.

Beispiel 1

Auf 2,24 km waagrechter Länge fällt die Straße um 151,20 m. Wie groß ist das Gefälle in %?

$$p = \frac{h \cdot 100\%}{l} = \frac{151{,}20\,m \cdot 100\%}{2240\,m} = 6{,}75\%$$

Beispiel 2

Eine Garagenzufahrt soll eine Neigung von 4,5 % auf einer Länge von 12,85 m haben. Um wie viel m liegt die obere Kante der Zufahrt höher als die untere?

$$h = \frac{p \cdot l}{100\%} = \frac{4{,}5\% \cdot 12{,}85\,m}{100\%} = 0{,}58\,m$$

Beispiel 3

Ein Pultdach mit einer Neigung von 8 % hat eine Höhe von 1,10 m. Welche Länge des Hauses überdeckt das Pultdach?

$$l = \frac{h \cdot 100\%}{p} = \frac{1{,}10\,m \cdot 100\%}{8\%} = 13{,}75\,m$$

68

Umrechnen von Steigungsverhältnis in Prozent und umgekehrt.

Die Gleichung

$$\frac{1}{n} = \frac{p}{100\,\%}$$

können wir bei Bedarf umstellen und zur Umrechnung verwenden.

Beispiel 1

Welchem Steigungsverhältnis entspricht die Steigung 5%?

$$n = \frac{100\,\%}{p} = \frac{100\,\%}{5\,\%} = 20$$

Steigungsverhältnis = 1: 20

Beispiel 2

Welcher Steigung in % entspricht das Steigungsverhältnis 1 : 8?

$$p = \frac{100\,\%}{n} = \frac{100\,\%}{8} = 12,5\,\%$$

Steigung = 12,5 %

Neigungsangaben als Winkel

Insbesondere bei Böschungen und Dächern wird die Neigung oft als Winkel α angegeben.

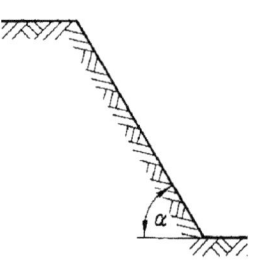

Bild 3.23 Böschungswinkel

Auch die Winkelangabe lässt sich in ein Verhältnis von Höhe zu Länge umrechnen:

$$\frac{\text{Höhe}}{\text{Länge}} = \tan \alpha$$

Dabei ist tan α die **Winkelfunktion Tangens**, das Verhältnis von Höhe zur Länge in einem rechtwinkligen Dreieck. Wir können den Tangens eines Winkels oder den zugehörigen Winkel mit dem Taschenrechner berechnen.

Falls die Höhe gleich der Länge ist, beträgt der Winkel 45°. Das entspricht einer Steigung von 100 % oder einen Verhältnis von 1 : 1.

Wir können die Möglichkeiten zur Beschreibung der Steigung vollständig in dieser Form schreiben:

$$\frac{h}{l} = \frac{1}{n} = p = \tan \alpha$$

Aufgaben

7. Die Einfahrt einer Garage (Bild 3.24) steigt 7,5 % an. Wie groß sind der Höhenunterschied h in m und die Steigung ausgedrückt als Steigungsverhältnis?

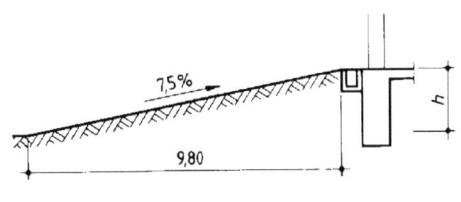
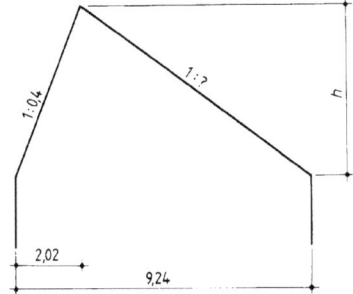

Bild 3.24 Garageneinfahrt

Bild 3.25 Satteldach

8. Das Satteldach in Bild 3.25 hat zwei unterschiedliche Dachneigungen. Welche Höhe in m hat es und wie groß ist das Neigungsverhältnis der weniger geneigten Dachfläche?

9. Das Längsgefälle einer Straße beträgt 5,5 %. Um wie viel m fällt die Straße auf der waagrechten Länge von 2,152 km und wie groß ist das Gefälle ausgedrückt als Steigungsverhältnis?

10. Für eine Grundleitung der Entwässerung ist das Gefälle mit 1,5 % geplant. Berechnen Sie den Höhenunterschied der Grundleitung auf 12,65 m Länge in cm.

11. Berechnen Sie die Breite b des Arbeitsraums (Bild 3.26) bei einer Böschungsneigung von 2,5: 1.

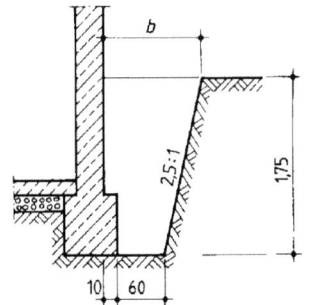
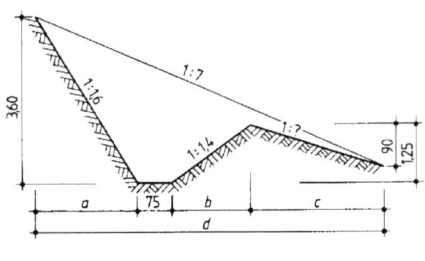

Bild 3.26 Arbeitsraum

Bild 3.27 Einschnitt (Maße in cm, m)

12. Der Einschnitt (Bild 3.27) soll entlang eines Berghangs hergestellt werden. Berechnen Sie die Längen in m und das fehlende Neigungsverhältnis.

13. Der Belag des Balkon in Bild 3.28 soll ein Gefälle von 1,4 % erhalten. Wie groß ist der Höhenunterschied h in cm?

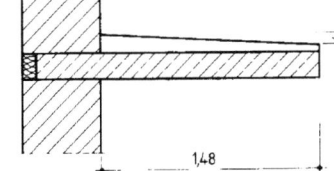

Bild 3.28 Balkon

14. Der Boden einer Kellergarage liegt 1,98 m unter der Straßenoberkante. Wie groß ist das Steigungsverhältnis, wenn die Zufahrt nur 9,90 m lang werden soll?

15. Berechnen Sie die Breite der Dammkrone in Bild 3.29 in m

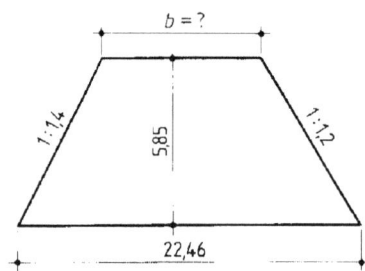

Bild 3.29 Damm   Bild 3.30 Graben

16. Wie groß ist die Sohlenbreite des Grabens in Bild 3.30 in m, der im leichten Felsboden hergestellt werden muss?

17. Wie groß müssen die obere Breite und Länge in m der Baugrube in Bild 3.31 sein, wenn sie 1,58 m tief ausgehoben wird, das geplante Haus 14,74 m lang und 9,24 m breit sowie der Arbeitsraum an allen Seiten 60 cm werden soll?

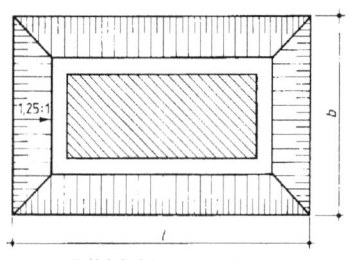

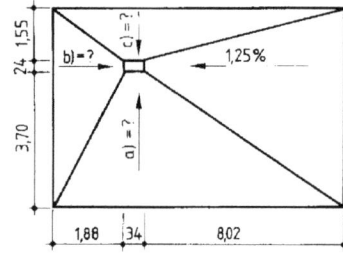

Bild 3.31 Baugrube   Bild 3.32 Waschhallenboden

18. Der Waschhallenboden einer Tankstelle (Bild 3.32) soll auf einer Länge von 8,02 m zum Bodeneinlauf ein Gefälle von 1,25 % erhalten.
    a) Wie viel cm muss der Bodeneinlauf tiefer liegen als der Boden an den Wänden?
    b) Welches Gefälle in Prozent haben dann die drei anderen Bodenflächen?

19. Wie viel % Gefälle hat die Entwässerungslei - tung auf der gesamten Länge bis zum Einlauf Straßenkanal?

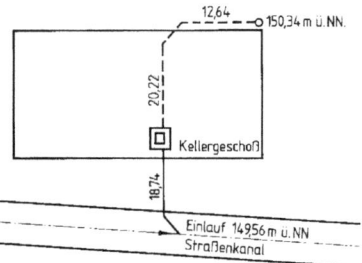

Bild 3.33 Entwässerungsleitung

3.3 Körper

3.3.1 Volumeneinheiten und Formelzeichen

Die Basiseinheit für Körper ist der m^3. Bei Volumenmaßen ist die Umrechnungszahl in die nächst kleinere oder größere Einheit 1000.

$$1 \text{ m}^2 = 1000 \text{ dm}^2 = 1000\ 000 \text{ cm}^2$$
$$1 \text{dm}^2 = 1000 \text{ cm}^2$$
$$1 \text{ cm}^2 = 1000 \text{ mm}^2$$

Beispiel 1

Ein Betonprobewürfel hat ein Volumen von 8000 cm³. Wie viel m^3 sind das?

Zwischen m³ und cm³ existiert noch dm³, d. h. wir müssen die Zahl zweimal durch 1000 teilen:

$$8000 \text{ cm}^3 = 8 \text{ dm}^3 = 0{,}008 \text{ m}^3$$

Beispiel 2

Ein Raum habe ein Volumen von 0,0015 m³. Wie viel cm³ sind das?

Wir müssen zweimal mit 1000 multiplizieren.

$$0{,}0015 \text{ m}^3 = 1{,}500 \text{ dm}^3 = 1500 \text{ cm}^3$$

Hohlmaße werden in Liter angegeben. **1 l = 1 dm³**

$$1 \text{ h l} = 100 \text{ l}$$
$$1 \text{ l} = 10 \text{ dl} = 100 \text{ cl}$$
$$1 \text{ dl} = 10 \text{ cl}$$
$$1 \text{ cl} = 1000 \text{ ml}$$

Beispiel

Ein Behälter einer Spritzpistole für Holzschutzmittel fasst 2500 ml. Wie viel l sind das? Wir orientieren uns an dem Zahlenvorsatz milli = ein Tausendstel, d.h. wir müssen die Zahl durch 1000 teilen.

$$2500 \text{ ml} = 2{,}5 \text{ l}$$

Aufgaben

1. Rechnen Sie die Maße in m³ um:
   a) 6748522 cm³
   b) 5662,281 dm³
2. Rechnen Sie die Maße in Liter um:
   a) 56,2 cm³
   b) 137,563 cm³
   c) 2,844 m³
   d) 1,78 hl
3. Wie viel m³ Rauminhalt hat eine Betonkarre, die 250 l fasst?

4. Wie viel Schubkarren mit einem Fassungsvermögen von 70 l sind für 3,5 m³ Beton notwendig?

3.3.2 Prismatische Körper

Bei prismatischen Körpern sind Grund- und Deckflächen parallel zueinander und gleich groß. Je nachdem, ob die Mantelflächen senkrecht oder geneigt auf der Grundfläche stehen, sprechen wir von geraden oder schiefen Prismen.

Wir unterscheiden Prismen mit quadratischer, rechteckiger, trapezförmiger, vieleckiger und runder Grundfläche. Grundformeln für die Berechnung aller prismatischer Körper sind:

Mantelfläche = Summe aller Seitenflächen = Umfang (U) · Körperhöhe (h) $M = U \cdot h$

Oberfläche   = Summe aller Begrenzungsflächen $O = M + 2 \cdot A$

= Mantelfläche (M) + Grundfläche + Deckfläche

Volumen   = Grundfläche (A) · Körperhöhe (h) $V = A \cdot h$

Der **Würfel** ist eine Sonderform des prismatischen Körpers. Er wird von sechs gleich großen Quadraten begrenzt. Alle Quadrate stehen senkrecht zueinander.

$M = 4 \cdot a$

$O = 6 \cdot a \cdot a = a^2$

$V = a \cdot a \cdot a = a^3$

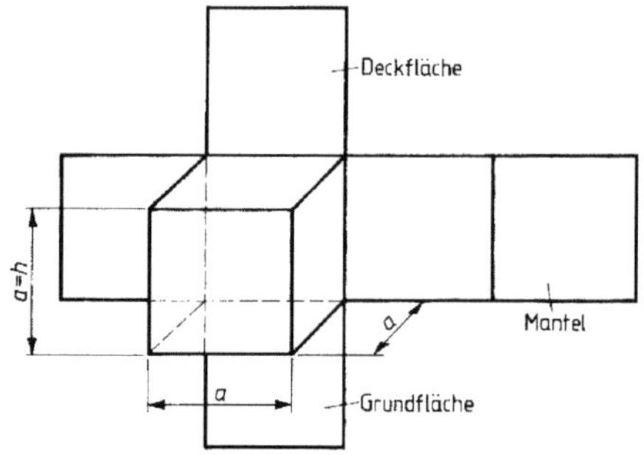

Bild 3.34 Würfel mit Mantel

Beim **Zylinder** sind Deck- und Grundfläche gleich große Kreise. Der Mantel ergibt abgewickelt die Form eines Rechteck .

$M = U \cdot h = d \cdot \pi \cdot h$

$O = 2r \cdot \pi \cdot h + 2 \cdot r^2 \cdot \pi$

$V = r^2 \cdot \pi \cdot h$

Beispiel Zylinder, d = 1,60 m, h = 2,00 m

$M = d \cdot \pi \cdot h = 1{,}60\ m \cdot \pi \cdot 2{,}00\ m =$ 10,05 m²

$O = d \cdot \pi \cdot h + 2 \cdot r^2 \cdot \pi = 1{,}60\ m \cdot \pi \cdot$ 2,00m + 2·(0 ,8 m)²·π = 14,07 m²

$V = r^2 \cdot \pi \cdot h = (0{,}8m)^2 \cdot \pi \cdot 2{,}00\ m =$ 4,021 m³

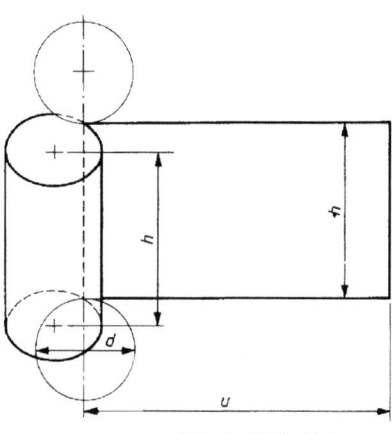

Bild 3.35 Zylinder

Bild 3.36 zeigt Beispiele für weitere prismatische Körper. Auch hier ist, wie für alle Prismen, die Grundformel Volumen = Grundfläche · Höhe anzuwenden.

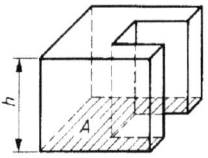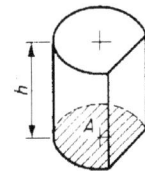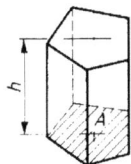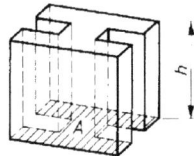

Bild 3.36 Gerade Prismen

Aufgaben

5. Berechnen Sie den Rauminhalt und die Mantelfläche eines Prismas mit der Kantenlänge a und der Höhe h. a) a = 1,32 m, h = 4,00m, b) a = 75 cm, h =48 cm.

6. Berechnen Sie die Oberfläche und den Rauminhalt für einen Würfel mit der Kantenlänge a = 24 cm.

7. Für ein Betonfundament (Bild 3.37) werden der Rauminhalt und die Mantelflächen gesucht. a) a = 1,24 m, b = 0,70 m, h = 0,62 m, b) a =12,34 m, b= 1,28m, h = 1,10 m.

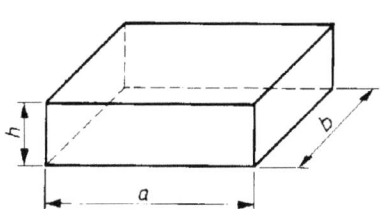

Bild 3..37 Betonfundament

Bild 3.38 Fundamentgraben

8. Für ein Streifenfundament 50/60 cm wurde der Fundamentaushub nicht sorgfältig ausgeführt. Die obere Breite des Fundamentgrabens war 2· 0,15m = 0,30 m zu breit (Bild 3.38). Beim Betonieren wurde der gesamte Fundamentgraben mit Beton vergossen. Dass Fundament hat eine Länge von 3,50 m.
   a) Wie viel m³ Beton waren für das geplante Fundament erforderlich?
   b) Wie viel m³ Beton wurden zu viel eingebaut?
   c) Wie viel % Boden wurde zu viel ausgehoben?

9..Berechnen Sie für eine gerade Rundsäule den Rauminhalt, Mantel und die Oberfläche in m³ bzw. m². a) d = 1,26 m, h = 0,85 m, b) r= 18 dm, h = 10 dm, c) d = 0,60 m, h = 4,72 m.

10. Für eine Rundsäule aus Beton sind die Höhe und der Umfang bekannt. Berechnen Sie den Rauminhalt und den Durchmesser. a) h = 2,50 m, U = 1,32 m, b) h = 1,26 m, U = 2,26 m.

11. Von einem Betonrohr (Bild 3.39) sind der innere Durchmesser DN und die Wandstärke s_1 bekannt. Das Rohr hat eine Länge von 2,00 m. Berechnen Sie das Volumen des Rohres und die Fläche der inneren Rohrwandung.

a) Betonrohr DN 200 mm, $s_1 = 26$ mm

b) Betonrohr DN 800 mm, $s_1 = 74$ mm

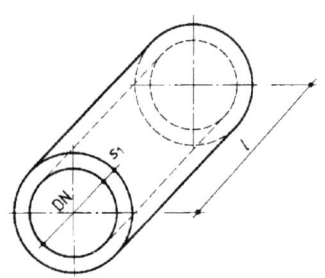

Bild 3.39 Betonrohr

3.3.3 Spitze Körper

Die Mantelflächen spitzer Körper laufen in der Spitze geradlinig zusammen. Zu den spitzen Körpern gehören die Pyramide und der Kegel. Das Volumen spitzer Körper wird nach folgender Grundformel berechnet, wobei A die Grundfläche und h die Höhe sind:

$$V = \frac{A \cdot h}{3}$$

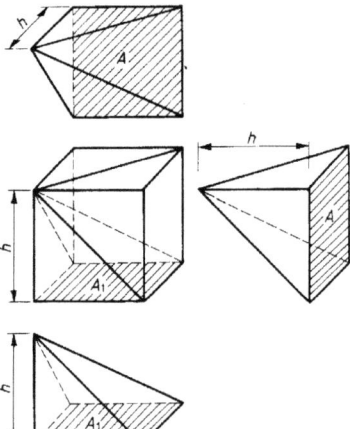

Bild 3.40 Spitze Körper

Diese Grundformel ist daraus zu erklären, dass das Volumen eines spitzen Körpers nur 1/3 so groß ist, wie das eines geraden Körpers mit gleicher Grundfläche und Höhe.

Gerade und schiefe Pyramide. Die Grundfläche einer Pyramide kann ein Drei-, Vier- oder Vieleck sein. Von einer geraden Pyramide sprechen wir, wenn die Pyramidenspitze über dem Schnittpunkt der Diagonalen der Grundfläche liegt. Befindet sie sich nicht über dem Schnittpunkt, handelt es sich um eine schiefe Pyramide.

Für eine Pyramide mit quadratischer Grundfläche gilt:

$$M = 2 \cdot a \cdot h_s$$

$$O = 2 \cdot a \cdot h_s + a^2$$

$$V = \frac{a^2 \cdot h}{3}$$

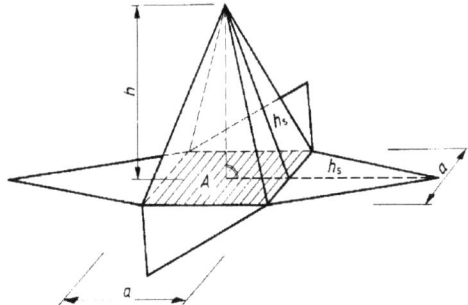

Bild 3.41 Quadratische Pyramide

Beispiel Pyramide mit quadratischer Grundfläche A, h = 3,80 m, a = 4,00 m

$$h_s^2 = h^2 + \left(\frac{a}{a}\right)^2$$

$$h_s = \sqrt{h^2 + \left(\frac{a}{2}\right)^2} = \sqrt{3,80^2 + 2,00^2}\, m = 4,29\, m$$

$$M = 2 \cdot a \cdot h_s = 2 \cdot 4,00m \cdot 4,29m = 34,35\, m^2$$

$$O = 2 \cdot a \cdot h_s + a^2 = 34,35m + (4,00m)^2 = 50,35\, m^2$$

$$V = \frac{a^2 \cdot h}{3} = \frac{(4,00m)^2 \cdot 3,80m}{3} = 20,27\, m^3$$

Gerader und schiefer Kegel. Ein Kegel hat einen Kreis als Grundfläche. Alle von der Kegelspitze zum Umfang der Grundfläche verlaufenden Linien nennen wir Mantellinien. Bei einem geraden Kegel sind alle Mantellinien gleich lang. Sind die Mantellinien ungleich lang, handelt es sich um einen schiefen Kegel. Wenn wir den Mantel eines geraden Kegels an einer Mantellinie auftrennen, erhalten wir abgewickelt einen Kreisausschnitt. Der Radius des Kreisausschnitts ist gleich der Mantellinie h_s. Die Bogenlinie b ist gleich dem Umfang der Grundfläche.

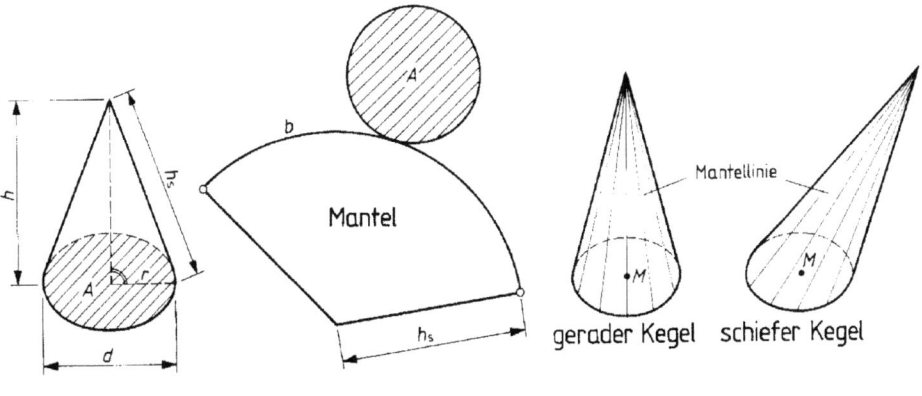

Bild 3.42 Kegel   Bild 3.43 Kegelformen

Gerader Kegel   Schiefer Kegel

$$M = \frac{2r \cdot \pi \cdot h_s}{2} = \pi \cdot r \cdot h_s$$

$$O = \pi \cdot r \cdot h_s + r^2 \cdot \pi$$

$$V = \frac{r^2 \cdot \pi \cdot h}{3} = \frac{d^2 \cdot \pi \cdot h}{12} \qquad\qquad V = \frac{r^2 \cdot \pi \cdot h}{3} = \frac{d^2 \cdot \pi \cdot h}{12}$$

Mantelfläche und Oberfläche des schiefen Kegels können durch einfache mathematische Formeln nicht berechnet werden.

Beispiel Gerader Kegel, d = 2,60 m, h = 4,00 m

$$h_s^2 = h^2 + r^2$$

$$h_s^2 = \sqrt{4,00^2 + 1,30^2}\, m = 4,21\, m$$

$$M = \pi \cdot r \cdot h_s = \pi \cdot 1,30m \cdot 4,21\,m = 17,18\, m$$

$$O = \pi \cdot r \cdot h_s + r^2 \pi = \pi \cdot 1,30m \cdot 4,21m + (1,30m)^2\, \pi = 22,49\, m^2$$

$$V = \frac{r^2 \cdot \pi \cdot h}{3} = \frac{(1,30m)^2 \cdot \pi \cdot 4,00m}{3} = 7,079\, m^3$$

Aufgaben

12. Berechnen Sie das Volumen für die im Bild 3.44 dargestellten Körper.

    a) d = 78 cm, h = 1,05 m

    b) a = 2,20 m, b = 0,52 m, h = 1,86 m

    c) d = 0,85 m, h = 1,34 m

    d) A = 4,50 m², h = 2,42 m

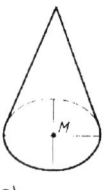

a)

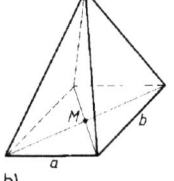

b)

Bild 3.44 Spitze Körper

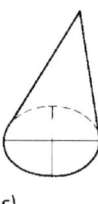

c)

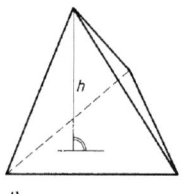

d)

13. Eine gerade Pyramide hat die Höhe h = 2,40 m. Die Grundfläche ist ein gleichseitiges Dreieck mit der Seitenlänge a = 1,60 m. Bekannt ist weiterhin h_s = 2,44 m. Berechnen Sie a) die Mantelfläche, b) die Oberfläche und c) das Volumen.

14. Ein Wohnhaus soll ein Zeltdach (Bild 3.45) erhalten. Berechnen Sie a) das Dachvolumen und b) die Dachfläche.

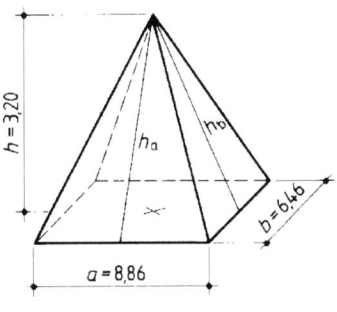

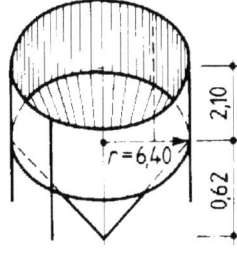

Bild 3.45 Zeltdach   Bild 3.46 Silobehälter (Maße in m)

15. Von dem Silobehälter in Bild 3.46 sollen berechnet werden a) das Volumen und b) die Mantelfläche.

3.3.4 Stumpfe Körper

Schneidet man von einem spitzen Körper parallel zur Grundfläche die Spitze ab, entsteht ein stumpfer Körper. Die beiden parallelen Flächen nennen wir Grund- und Deckfläche. Die Körperhöhe ist der Abstand zwischen Grund- und Deckfläche. Die wichtigsten stumpfen Körper sind der Kegelstumpf und der Pyramidenstumpf. Der Rauminhalt der stumpfen Körper kann exakt oder genähert berechnet werden. Für die näherungsweise Berechnung werden der Pyramiden- und Kegelstumpf durch ein Prisma bzw. durch einen Zylinder angenähert mit einer Grundfläche, die der Querschnittsfläche des stumpfen Körpers in halber Höhe entspricht.

Berechnung eines Pyramidenstumpfes mit rechteckiger Grundfläche. Die Mantelfläche setzt sich aus zwei Paar Trapezflächen zusammen.

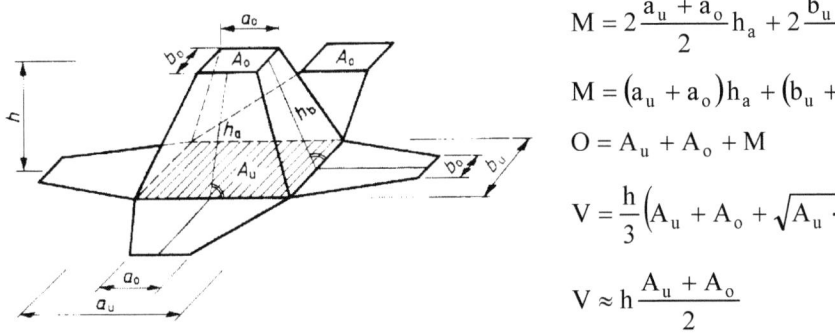

$$M = 2\frac{a_u + a_o}{2}h_a + 2\frac{b_u + b_o}{2}h_b$$

$$M = (a_u + a_o)h_a + (b_u + b_o)h_b$$

$$O = A_u + A_o + M$$

$$V = \frac{h}{3}\left(A_u + A_o + \sqrt{A_u \cdot A_o}\right)$$

$$V \approx h\frac{A_u + A_o}{2}$$

Bild 3.47 Pyramidenstumpf

Beispiel $a_u = 4{,}00$ m, $b_u = 2{,}00$ m, $a_o = 1{,}60$ m, $b_o = 0{,}80$ m, $h = 3{,}00$ m

Um die Mantelflächen zu ermitteln, werden zunächst die Höhen h_a und h_b mit dem Satz des Pythagoras berechnet.

$$h_b = \sqrt{h^2 + \left(\frac{a_u - a_o}{2}\right)^2} = \sqrt{3,00^2 + \left(\frac{4,00 - 1,60}{2}\right)^2}\, m = \sqrt{9,00 + 1,44}\, m = 3,23\, m$$

$$h_a = \sqrt{h^2 + \left(\frac{b_u - b_o}{2}\right)^2} = \sqrt{3,00^2 + \left(\frac{2,00 - 0,80}{2}\right)^2}\, m = \sqrt{9,00 + 0,36}\, m = 3,06\, m$$

$$M = (4,00 + 1,60)\, m \cdot 3,06\, m + (2,00 + 0,80)\, m \cdot 3,23\, m = 17,14\, m^2 + 9,04\, m^2 = 26,18\, m^2$$

Näherungsformel:

$$V \approx h\, \frac{A_u + A_o}{2} = 3m\, \frac{8,00 m^2 + 1,28 m^2}{2} \approx 13,92\, m^3$$

Exakte Berechnung:

$$V = \frac{h}{3}\left(A_u + A_o + \sqrt{A_u \cdot A_o}\right) = \frac{3,00 m}{3}\left(8,00 m^2 + 1,28 m^2 + \sqrt{8,00 m^2 \cdot 1,28 m^2}\right) = 12,48\, m^3$$

Kegelstumpf. Die Mantelfläche eines Kegelstumpfs hat die Form eines Ausschnitts aus einem Kreisring (Bild 3.48).

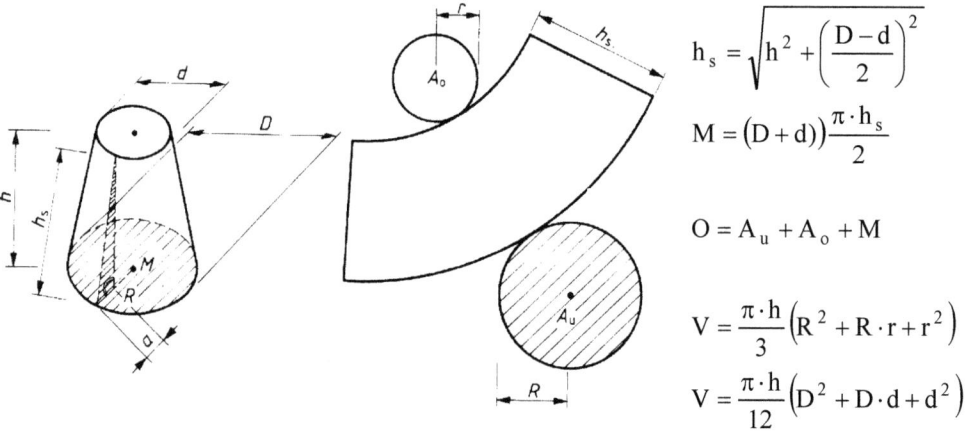

$$h_s = \sqrt{h^2 + \left(\frac{D - d}{2}\right)^2}$$

$$M = (D + d)\frac{\pi \cdot h_s}{2}$$

$$O = A_u + A_o + M$$

$$V = \frac{\pi \cdot h}{3}\left(R^2 + R \cdot r + r^2\right)$$

$$V = \frac{\pi \cdot h}{12}\left(D^2 + D \cdot d + d^2\right)$$

Bild 3.48 Kegelstumpf mit Oberfläche

Beispiel Kegelstumpf D = 6,00 m, d = 3,00 m, h = 4,00 m

$$h_s = \sqrt{h^2 + \left(\frac{D - d}{2}\right)^2} = \sqrt{4,00^2 + 1,50^2}\, m = 4,27\, m$$

$$M = (D + d)\frac{\pi \cdot h_s}{2} = (6,00 m + 3,00 m)\frac{\pi \cdot 4,27 m}{2} = 60,37\, m^2$$

$$O = A_u + A_o + M = (3,00^2 \, m^2 + 6,00^2 \, m^2) \frac{\pi}{4} + 60,37 \, m^2 = 95,71 \, m^2$$

$$V = \frac{\pi \cdot 4,00m}{12} (D^2 + D \cdot d + D^2) = \frac{\pi \cdot h}{12} (3,00^2 \, m^2 + 3,00m \cdot 6,00m + 6,00^2 \, m^2) = 65,97 \, m^3$$

$$V \approx \frac{\pi}{16} (D + d)^2 \cdot h = \frac{\pi}{16} (6,00m + 3,00m)^2 \cdot 4,00m \approx 63,62 m^2$$

Aufgaben

16. Um welche Körper handelt es sich in den Bildern?

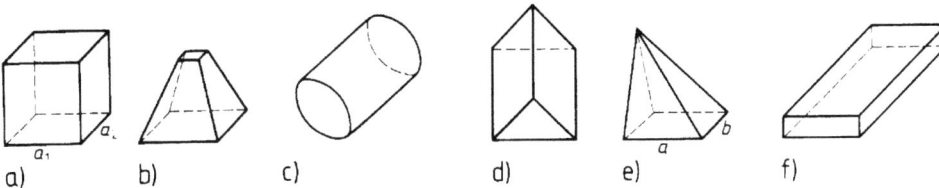

a)   b)   c)   d)   e)   f)

Bild 3.49 Körperformen

17. Berechnen Sie das Volumen für die in Bild 3-49 dargestellten Körper in m³.

   a) a = 0,58 m

   b) a_u = b_u = 2,40 m, a_o = b_o = 1,10 m, h = 2,65 m

   c) D = 0,48 m, h = 1,00 m,

   d) a = 101cm, b = 86 cm, c = 67 cm, h_a = 57 cm, h = 142 cm

   e) a = 2,41 m, b = 0,51 m, h = 2,13m

   f) a = 74 cm, b = 36,5 cm, h = 124 cm

18. Berechnen Sie die Mantelfläche für die Körper in Bild 3-49 a bis d und f. Alle Maße aus Aufgabe 2, Ergebnisse in m².

19. Eine Baugrube soll mit einer Tiefe von 1,00 m ausgehoben werden (Bild 3.50). a) Wie viel m³ Boden enthält die Baugrube? b) Wie viel m³ aufgelockerter Boden müssen bei einer Auflockerung von 11 % abgefahren werden?

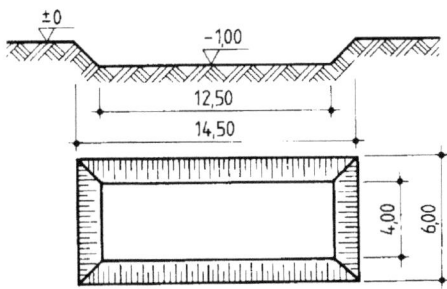

Bild 3.50 Baugrube   Bild 3.51 Mörteleimer

20. Der Eimer in Bild 3.51 ist mit Mörtel gefüllt. a) Wie viel Liter Mörtel fasst er? b) Wie viel Liter Mörtel befinden sich im Eimer, wenn er nur bis 8 cm unter dem Rand gefüllt ist?

3.3.5 Zusammengesetzte Körper

Häufig muss im Bauwesen das Volumen zusammengesetzter Körper bestimmt werden. Dazu muss der Körper in einfach zu berechnende Teilkörper zerlegt werden.

Beispiel Berechnung des Volumens der Baugrube

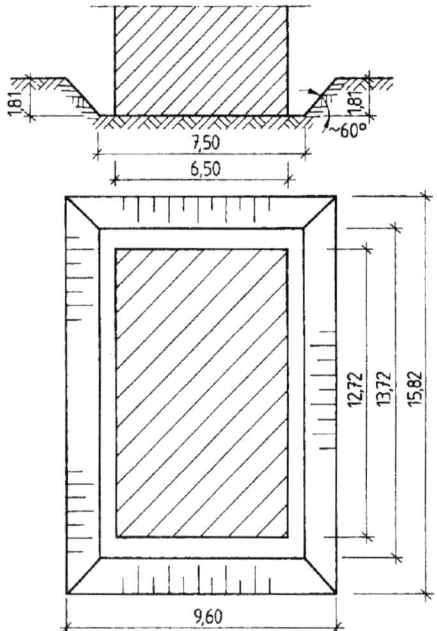

Bild 3.52 Baugrube

Bild 3.53 Aufteilen der

    Baugrube in
    geometrische

    Körper

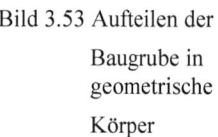

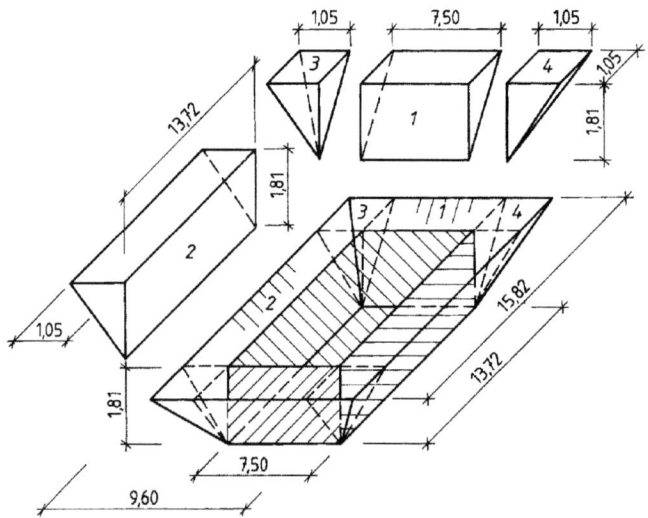

Das Volumen der Baugrube setzt sich aus folgenden Teilvolumen zusammen:

$$V = V_{Quader} + 2 \cdot V_{Prisma\,1} + 2 \cdot V_{Prisma\,2} + 4 \cdot V_{Pyramide}$$

$$V_{Quader} = 13,72\,m \cdot 7,50\,m \cdot 1.81\,m = 186,25\,m^3$$

$$2 \cdot V_{Prisma\,1} = 2 \cdot \frac{1,81\,m \cdot 1,05\,m}{2} \cdot 7,50\,m = 14,25\,m^3$$

$$2 \cdot V_{Prisma\,2} = 2 \cdot \frac{1,81\,m \cdot 1,05\,m}{2} \cdot 13,72\,m = 26,07\,m^3$$

$$4 \cdot V_{Pyramide} = 4 \cdot \frac{1,05\,m \cdot 1,05\,m \cdot 1,81\,m}{3} = 2,66\,m^3$$

$$V = 186,25\,m^3 + 14,25\,m^3 + 26,07\,m^3 + 2,66\,m^3 = 229,24\,m^3$$

Das Volumen der gesamten Baugrube beträgt 229,24 m³.

Übungsaufgaben zu zusammengesetzten Körpern sind im Kapitel 3.3.6 Bodenaushub zu finden.

3.3.6 Bodenaushub

Meist wird der Bodenaushub nicht, wie eben erläutert, als Summe von mehreren Teilvolumen berechnet, sondern es finden Näherungsformeln Anwendung, die die Berechnung wesentlich vereinfachen. Diese Näherungsformeln sind in der Verdingungsordnung für Bauleistungen (VOB) Teil C „Allgemeine technische Vorschriften" zu finden.

VOB Teil C enthält die Berechnungsgrundlagen für alle Baugewerke unter Berücksichtigung der DIN-Normen und bildet damit die Grundlage für Aufmass und Abrechnung der Bauleistungen. Erdarbeiten sind in der DIN 18300 zu finden.

Die **Baugrubenmaße** zum Berechnen des Aushubs erhalten wir aus den Außenmaßen des Bauwerks zuzüglich der Mindestbreiten für Arbeitsräume nach DIN 4124 sowie der Zuschläge für Schalung und Verbau bei nicht abgeböschten Baugruben. (Bild 3.54) Für abgeböschte Baugruben sind die Böschungswinkel und damit auch die Böschungsbreiten von der Bodenklasse abhängig (Bild 3.55).

So ist für Bodenklasse 3/4 (leicht/mittelschwer lösbarer Boden) ein Böschungswinkel von 40° vorgeschrieben und die Breite b ergibt sich zu

b = Tiefe/ tan 40° = 1,19 · Tiefe.

Für schwer lösbaren Boden (Bodenklasse 5) beträgt der Böschungswinkel 60° und damit hat die Böschung eine Breite b von

b = Tiefe/tan 60° = 0,577 · Tiefe.

Für Bodenklasse 6/7 (schwer/leicht lösbarer Fels) beträgt der Böschungswinkel 80° und die Breite b beträgt:

b = Tiefe/tan 80° = 0,176 · Tiefe.

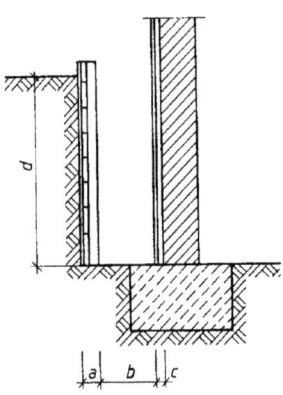

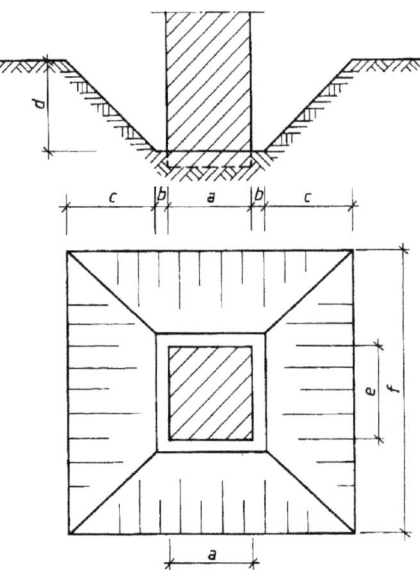

Bild 3.54 Senkrechte Baugrubenwände

    a Verbaukonstruktion 0,15 m
    b Arbeitsraum ≥ 0,50 m
    c Schalungskonstruktion ~ 0,15 m
    d Baugrubentiefe

Bild 3.55 Arbeitsräume bei Böschungen

    a Gebäudebreite
    b Arbeitsraum ≥ 0,50 m
    c Böschungsbreite
    d Tiefe
    e Gebäudelänge
    f Baugrubenlänge

Aushub in horizontalem Gelände

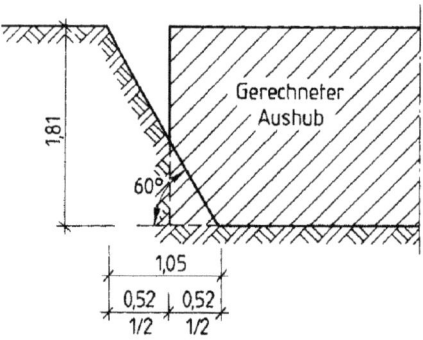

Bild 3.56 Berechnung des Baugrubenaushubs in horizontalem Gelände (Näherungsverfahren)

Näherungsverfahren 1 (Bild 3.56). Die Aushub wird als Quader berechnet.

V = Länge · Breite · Tiefe

Beispiel

$$\text{Länge} = 12{,}72\,\text{m} + 2 \cdot 0{,}50\,\text{m} + 2\,\frac{1{,}05\,\text{m}}{2} = 14{,}77\,\text{m}$$

$$\text{Breite} = 6{,}50\,\text{m} + 2 \cdot 0{,}50\,\text{m} + 2\,\frac{1{,}05\,\text{m}}{2} = 8{,}55\,\text{m}$$

$$\text{Volumen V} = 14{,}77\,\text{m} \cdot 8{,}55\,\text{m} \cdot 1{,}81\,\text{m} = 228{,}57\,\text{m}^3$$

Zum Vergleich: Die exakte Lösung (unten) ergibt $229{,}13\ \text{m}^3$.

Näherungsverfahren 2 nach der Formel

$$V = \frac{A_1 + A_2}{2}\,h$$

Beispiel Grundfläche $A_1 = 13{,}72\,\text{m} \cdot 7{,}50\,\text{m} = 102{,}90\,\text{m}^2$

Deckfläche $A_2 = 15{,}82\,\text{m} \cdot 9{,}60\,\text{m} = 151{,}87\,\text{m}^2$

$$V = \frac{102{,}90\,\text{m}^2 + 151{,}87\,\text{m}^2}{2}\,1{,}81\,\text{m} = 230{,}57\,\text{m}^3$$

Genaue Berechnung nach der Simpsonschen Regel oderder Pyramidenstumpfformel

$$V = \frac{h}{6}(A_1 + 4A_M + A_2) = \frac{h}{3}\left(A_1 + A_2 + \sqrt{A_1 A_2}\right)$$

Dabei ist A_M die Querschnittsfläche in halber Höhe. Da diese exakt nicht leicht zu berechnen ist, empfiehlt sich die Verwendung der Pyramidenstumpfformel.

Beispiel $A_1 = $ Grundfläche $= 102{,}90\,\text{m}^2$

$A_2 = $ Deckfläche $= 151{,}87\,\text{m}^2$

$$V = \frac{h}{3}\left(A_2 + A_2 + \sqrt{A_1 A_2}\right)$$

$$V = \frac{1{,}81\,\text{m}}{3}\left(102{,}90\,\text{m}^2 + 151{,}87\,\text{m}^2 + \sqrt{102{,}90\,\text{m}^2 \cdot 151{,}87\,\text{m}^2}\right) = 229{,}13\,\text{m}^3$$

Für die **Arbeitsraumverfüllung** ermitteln wir die Erdmassen durch Abzug

$$V = V_{\text{Gesamt}} - V_{\text{Quader}}$$

Für unser Beispiel ergibt sich:

$$V = 229{,}23\,\text{m}^3 - 186{,}25\,\text{m}^3 = 42{,}98\,\text{m}^3$$

Nach welcher Formel abgerechnet wird, soll in der Praxis vor Beginn der Aushubarbeiten in der Ausschreibung festgelegt werden.

Aushub in geneigtem Gelände

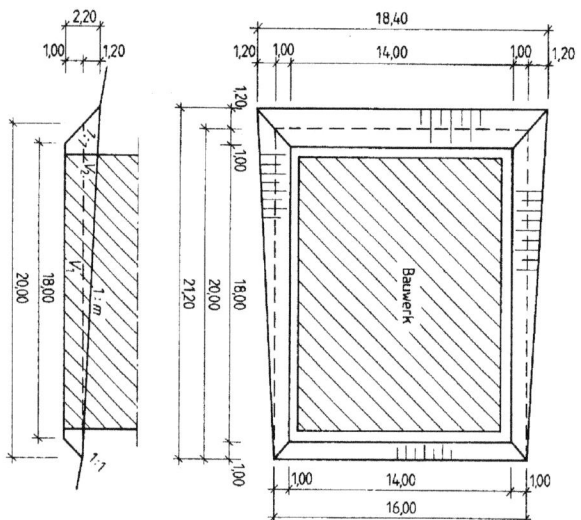

Bild 3.57 Aushub in geneigtem
Gelände

In der Praxis sind Baugruben häufig in geneigtem Gelände auszuheben. Genaue Massen erhalten wir durch Ermittelung der Gesamtmasse aus der getrennten Berechnung der Volumen V_1 und V_2.

$$V = V_1 + V_2$$

V_1 ist ein Pyramidenstumpf und kann nach der Pyramindenstumpfformel berechnet werden:

$$V_1 = \frac{h}{3}\left(A_1 + A_2 + \sqrt{A_1 \cdot A_2}\right)$$

Die Aushubmasse des Restkörpers V_2 ergibt sich aus der Summe der Rauminhalte eines dreiseitigen Prismas V_A und zweier Pyramiden V_B (Bild 3-58).

$$V_2 = V_A + 2 \cdot V_B$$

Beispiel Für die in die Bild 3.57 dargestellte Baugrube soll der Bodenaushub berechnet werden.

Berechnung von V_1

$$A_1 = 16,00 \text{ m} \cdot 20,00 \text{ m} = 320,00 \text{ m}^2$$

$$A_2 = 14,00 \text{ m} \cdot 18,00 \text{ m} = 252,00 \text{ m}^2$$

$$V_1 = \frac{1,00 \text{ m}}{3}\left(320,00 \text{ m}^3 + 252,00 \text{ m}^3 + \sqrt{320,00 \text{ m}^2 \cdot 252,00 \text{ m}^2}\right) = 285,32 \text{ m}^3$$

Berechnung von V_2

$$V_A \text{ (dreiseitiges Prisma)} = \text{Grundfläche } A \cdot h_1$$

$$V_A = \frac{20,00\,\text{m} \cdot 1,20\,\text{m}}{2} \cdot 16,00\,\text{m} = 192,00\,\text{m}^3$$

$$V_B\,(\text{Pyraminde}) = \text{Grundfläche} \cdot A \cdot h_2 \cdot \frac{1}{3}$$

$$V_B = \frac{22,00\,\text{m} \cdot 1,20\,\text{m}}{2 \cdot 3} \cdot 1,20\,\text{m} = 4,80\,\text{m}^3$$

$$V_2 = 192,00\,\text{m}^3 + 2 \cdot 4,80\,\text{m}^3 = 201,60\,\text{m}^3$$

$$V_{\text{Gesamt}} = 285,32\,\text{m}^3 + 201,60\,\text{m}^3 = 486,92\,\text{m}^3$$

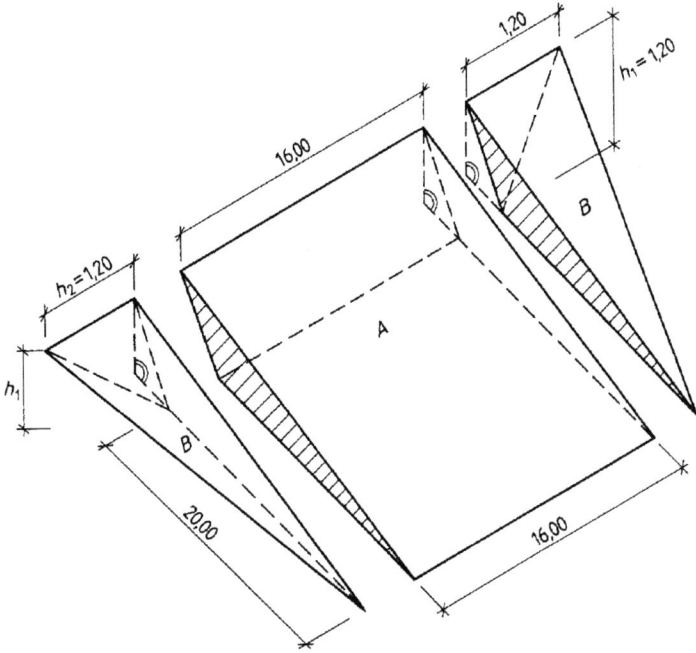

Bild 3.58 Berechnung des Baugrubeninhaltes in geneigtem Gelände

Aushub nach Querprofilen

Bei langgestreckten Baugruben wie Dämmen und Gräben ist es sinnvoll, die Aushubmassen nach Querprofilen abzurechnen. Das kann exakt nach den folgenden Formeln geschehen,

$$V = \frac{1}{3}\left(A_1 + A_2 + \sqrt{A_1 \cdot A_2}\right) \quad \text{oder } V = \frac{1}{6}\left(A_1 + 4A_M + A_2\right)$$

oder nach der Näherungsformel

$$V \approx \frac{1}{2}\left(A_1 + A_2\right).$$

Beispiel

Für den im Bild 3.59 gezeigten Damm soll das Volumen berechnet werden.

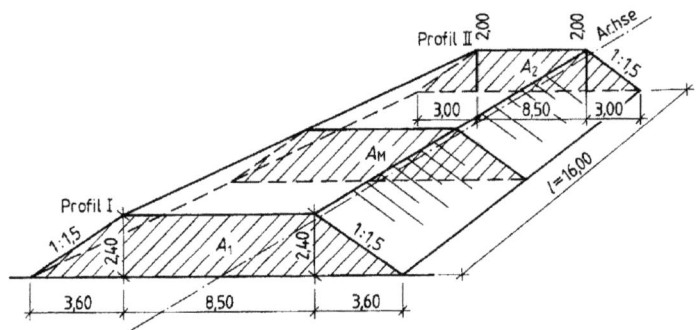

Näherungsverfahren

Bild 3.59 Querprofil durch einen Damm

$$A_1 = 8,50\,\text{m} \cdot 2,40\,\text{m} + 2\,\frac{3,60\,\text{m} \cdot 2,40\,\text{m}}{2} = 29,04\,\text{m}^2$$

$$A_2 = 8,50\,\text{m} \cdot 2,40\,\text{m} + 2\,\frac{3,00\,\text{m} \cdot 2,00\,\text{m}}{2} = 23,00\,\text{m}^2$$

$$V = \frac{16,00\,\text{m}}{2}\left(29,04\,\text{m}^2 + 23,00\,\text{m}^2\right) = 416,32\,\text{m}^3$$

Genaue Berechnung

$$A_1 = 29,04\,\text{m}^2 \qquad\qquad A_2 = 23,00\,\text{m}^2$$

$$V = \frac{16,00\,\text{m}}{3}\left(29,04\,\text{m}^2 + 23,00\,\text{m}^2 + \sqrt{29,04\,\text{m}^2 \cdot 23,00\,\text{m}^2}\right) = 415,38\,\text{m}^3$$

Bei unregelmäßigen Profilen kann die Querschnittsfläche nach dem **Trapezverfahren** bestimmt werden.

Beispiel

Zwischen den Stationen 1+ 32,00 und 1+ 48,50 sind die Profile ausgemessen worden Berechnen Sie den Bodenaushub.

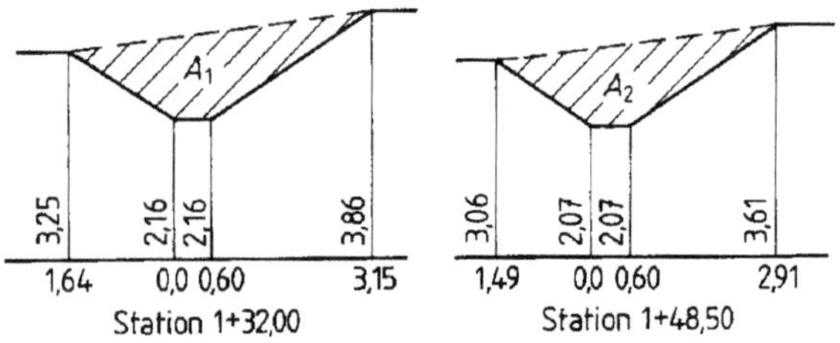

Bild 3.60 Trapezverfahren

Die Flächen A_1 und A_2 werden nach dem Trapezverfahren bestimmt, indem die unteren Teilflächen (je zwei Trapeze und ein Rechteck) von der Gesamtfläche subtrahiert werden:

$$A_1 = \frac{3,25m+3,86m}{2} \cdot 4,79m - \frac{3,25m+2,16m}{2} \cdot 1,64m - 2,16m \cdot 0,6m - \frac{2,16m+3,86m}{2} \cdot 2,55m$$

$$A_1 = 17,028\,m^2 - 4,44\,m^2 - 1,30\,m^2 - 7,68\,m^2 = 3,62\,m^2$$

$$A_2 = \frac{3,06m+3,61m}{2} \cdot 4,40m - \frac{3,06m+2,07m}{2} \cdot 1,49m - 2,07m \cdot 0,6m - \frac{2,07m+3,61m}{2} \cdot 2,31m$$

$$A_2 = 14,67\,m^2 - 3,82\,m^2 - 1,24\,m^2 - 6,56\,m^2 = 3,05\,m^2$$

$$V \approx \frac{A_1+A_2}{2} \cdot h = \frac{3,62\,m^2+3,05\,m^2}{2} \cdot 16,50\,m = 55,03\,m^3$$

Aushub von Gräben

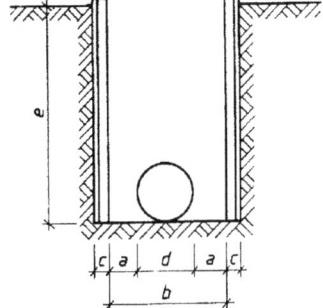

Bild 3.61   Grabenquerschnitt

        a Arbeitsraum DIN 4124

        b lichte Grabenbreite

        c Schalung/Verbau

        d Rohrschaftdurchmesser

        e Grabentiefe

Das Volumen der Leitungsgräben wird nach der bekannten Formel (Länge · Breite · Tiefe) berechnet:

$$V = l \cdot b \cdot e$$

Beim Berechnen des Volumens für die Wiederverfüllung eines Grabens nach der Rohrverlegung ist das Volumen der Rohe (verdrängte Bodenmasse) abzuziehen, wenn der äußere Rohrdurchmesser > 0,1 m³ beträgt. Der Arbeitsraum a beträgt nach DIN 4124 bis zu einem Durchmesser von d = 0,40 m   a = d + 0,40 m, für d = 0,40...0,80 m beträgt a = d + 0,70 m und für d = 0,80...1,40 m ist a = d + 0,85 m.

Beispiel

Für eine Steinzeug-Rohrleitung $\varnothing$ 200 (Bild 3-62) ist auf einer Länge von 16,00 m der Rohrgraben auszuheben. Der Graben wird verbaut. Verbaustärke 2 · 0,15 m.

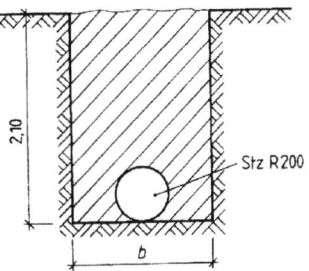

a) Wie viel m³ Boden sind auszuheben?

b) Wie viel m³ lose Masse sind bei einer Auflockerung des Bodens um 11% abzufahren?

c) Wie viel m³ Boden braucht man für die Wiederverfüllung?

Bild 3.62 Grabenquerschnitt

a) Aushubmasse

$$b = 0,20 \text{ m} + 0,40 \text{ m} + 2 \cdot 0,15 \text{ m} = 0,90 \text{ m}$$

$$V = b \cdot e \cdot 1 = 0,90 \text{ m} \cdot 2,10 \text{ m} \cdot 16,00 \text{ m} = 30,24 \text{ m}^3$$

b) Aufgelockerte Masse

$$V = 30,24 \text{ m}^3 \cdot 111\% = 33,57 \text{ m}^3$$

c) Rohrquerschnitt

$$A = \frac{\pi d^2}{4} = \frac{\pi \cdot (0,20 \text{ m})^2}{4} = 0,03 \text{ m}^2 < 0,1 \text{ m}^2, \text{ also kein Abzug}$$

Wiederverfüllung = 30,24 m³

Aufgaben

21. Berechnen Sie den Bodenaushub für eine nicht abgeböschte Baugrube mit Schalung und Verbau. Gebäudeaußenmaße 12,78 m ·8,50 m, Baugrubentiefe im Mittel 1,65 m.

22. Für eine abgeböschte Baugrube in horizontalem Gelände, Bodenklasse 4, ist der genaue Aushub zu berechnen. Die Gebäudeaußenmaße betragen 13,75m · 11,35 m. Schalung und Verbau sind nicht erforderlich. Baugrubentiefe 2,10 m.

23. Für die nachfolgenden Fälle sind die Böschungsbreiten der jeweiligen Baugrube gesucht:
    a) Bodenklasse 6, Aushubtiefe 1,60 m
    b) Bodenklasse 3, Aushubtiefe 2,15 m
    c) Bodenklasse 5, Aushubtiefe 0,75 m

24. Die Maße der Baugrube in Bild 3.63 sind zu berechnen. Bodenklasse 5, kein Verbau, keine Schalung. Gesucht: Länge und Breite der Baugrubensohle und der -deckfläche.

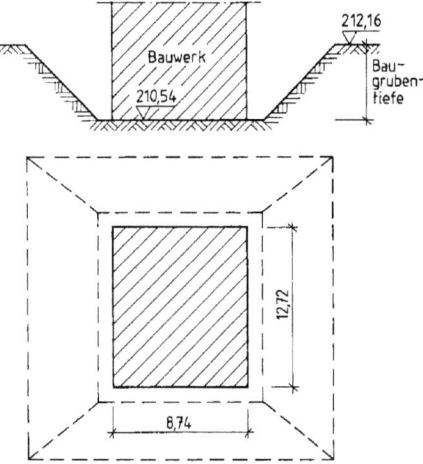

Bild 3.63 Baugrube

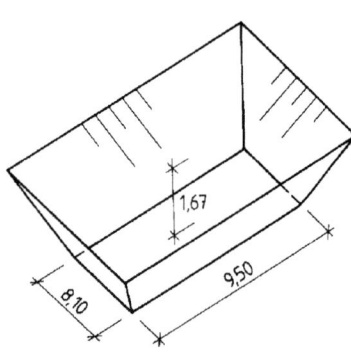

Bild 3.64 Baugrube

25. Berechnen Sie den Rauminhalt der Baugrube in Bild 3.63 a) nach der Näherungsformel und b) nach der Pyramidenformel.

26. Wie viel m³ Boden (feste Masse) werden für die Verfüllung des Arbeitsraumes der Baugrube 3.63 gebraucht?

27. Berechnen Sie das genaue Aushubvolumen der Baugrube in Bild 3-64. Neigung der Böschung allseitig 1:1.

28. Für die Baugrube des Brückenfundamentes 3.65 soll der Bodenaushub berechnet werden.
    a) Zeichnen Sie Grundriss und Schnitt der Baugrube im Maßstab 1:100. Tragen Sie dabei alle fehlenden Maße ein, die für die Berechnung nötig sind.
    b) Wie viel m³ Boden sind auszuheben?
    c) Wie viel m³ Boden werden für die spätere Hinterfüllung des Arbeitsraums gelagert?
    d) Wie viel m³ Boden sind bei 12% Auflockerung abzufahren?

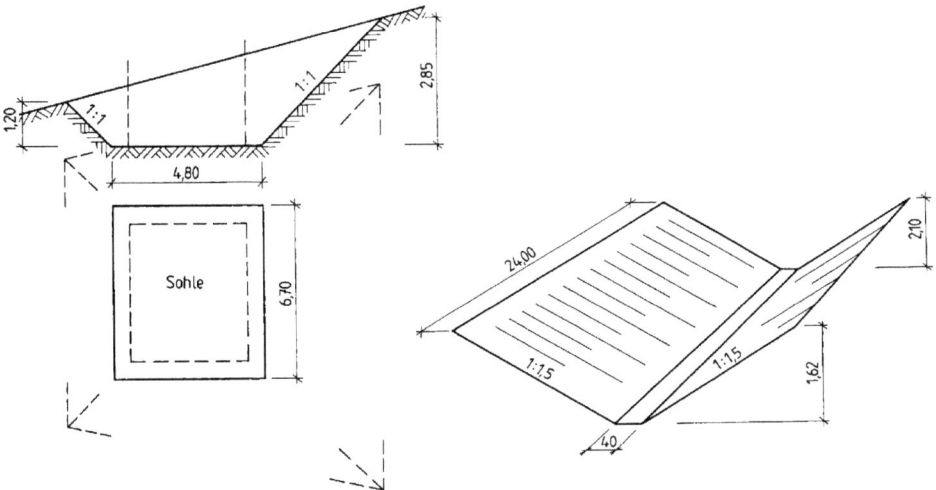

Bild 3.65 Baugrube eines Brückenfundaments   Bild 3.66 Baugrube in geneigtem Gelände

29. Für die Baugrube in Bild 3.66 ist der Aushub zu berechnen.

30. Für einen Lärmschutzwall soll ein Erddamm aufgeschüttet werden. Die Dammkrone soll eine Breite von 2,60 m erhalten. Die Böschungsneigungen werden unterschiedlich mit 1:2 und 1: 1,5 angelegt. Die Gesamtlänge des Dammes beträgt 26,00 m, die Höhe 3,80 m. Berechnen Sie die erforderlichen Anfüllmassen.

31. Für eine 13,50 m lange Grundleitung aus Steinzeugrohr NW 400 (Bild 3.67), Außendurchmesser 460 mm, ist der Bodenaushub zu berechnen. Der Grabenverbau ist mit 2 · 0,15 m anzunehmen. Wie viel Boden (feste Masse) wird für die Wiederbefüllung benötigt?

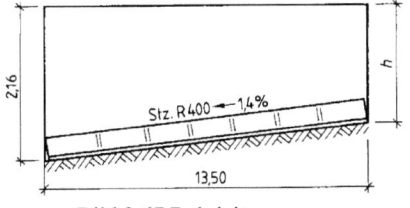

Bild 3.67 Rohrleitung

3.4 Masse und Dichte

Die Masse eines Stoffes ist ein Maß für die in seinem Volumen enthaltene Stoffmenge. Die Masse kann durch Vergleich mit einer bekannten Masse mit der Waage bestimmt werden. Das Messergebnis ist unabhängig von dem Ort, an dem gemessen wird.

Einheit der Masse ist das Kilogramm (kg). Weitere Einheiten sind das Gramm (g) und die Tonne (t). Die Umrechnungszahl ist 1000.

$$1000 \text{ g} = 1 \text{ k g}$$

$$1000 \text{ kg} = 1 \text{ t}$$

Die **Dichte** gibt uns die in einer Volumeneinheit enthaltene Masse an. Das Kurzzeichen für die Dichte ist der griechische Buchstabe ρ (roh).

$$\text{Dichte } \rho = \frac{\text{Masse } m}{\text{Volumen } V}$$

Die SI-Einheit der Dichte ist kg/m³. Weitere Dichteeinheiten sind kg/dm³, g/cm³, t/m³.

$$1000 \text{ kg/m}^3 = 1 \text{kg/dm}^3 = 1 \text{g/cm}^3 = 1 \text{ t/m}^3$$

Rohdichte. Poröse, fasrige und körnige Baustoffe enthalten Hohl- oder Zwischenräume. Die Dichte von Baustoffen einschließlich der Hohlräume heißt Rohdichte. Bei künstlichen Steinen berechnen wir z. B. die Rohdichte.

Schüttdichte. Wird Zuschlag wie Sand oder Kies auf einen Haufen geschüttet, bleiben zwischen den Körnern Zwischenräume. Auch der Zuschlag selbst kann Hohlräume haben (z. B. Bimskies). Die Dichte von Baustoffen einschließlich der Hohl- und Zwischenräume heißt Schüttdichte.

Mit der Formel für die Dichte können wir auch die Masse oder das Volumen berechnen:

$$\text{Masse } m = \text{Dichte } \rho \cdot \text{Volumen } V \qquad\qquad \text{Volumen } V = \frac{\text{Masse } m}{\text{Dichte } \rho}$$

Beispiel 1

Ein Hochlochziegel im 2 DF hat eine Masse von 3,743 kg. Welche Rohdichte hat er (DF = 24 cm × 11,3 cm × 11,3 cm)?

$$V = 2,4 \text{ dm} \cdot 1,15 \text{ dm} \cdot 1,13 \text{ dm} = 3,119 \text{ dm}^3$$

$$\rho = \frac{m}{V} = \frac{3,743 \text{kg}}{3,119 \text{dm}^3} = 1,2 \text{ kg / m}^3$$

Beispiel 2

Wie viel kg wiegt ein Gasbeton-Blockstein mit einer Rohdichte von 0,7 kg/dm³? Er hat die Abmessungen Länge 490 mm, Breite 300 mm, Höhe 240 mm.

$$V = 4,9 \text{ dm} \cdot 3,0 \text{ dm} \cdot 2,4 \text{ dm} = 35,280 \text{ dm}^3$$

$$m = \rho \cdot V = 0,7 \text{kg/dm}^3 \cdot 35,280 \text{ dm}^3 = 24,696 \text{ kg}$$

Beispiel 3

Ein Betonprobewürfel hat eine Masse von 20,0 kg. Welche Abmessungen hat er, wenn seine Rohdichte 2,5 g/cm³ beträgt?

$$V = \frac{m}{\rho} = \frac{20000g}{2,5 \frac{g}{cm^3}} = 8000 cm^3$$

$$a = \sqrt[3]{8000 cm^3} = 20 cm$$

Aufgaben

1. Ein Hüttenlochstein mit einer Rohdichte von 1,6 kg/dm³ wiegt 7,594 kg. Welche Breite in mm hat er, wenn er 240 mm lang und 113 mm hoch ist?

2. Eine Gipskartonplatte hat die Abmessungen Breite 1,25 m, Länge 2,75 m, Dicke 12,5 mm und eine Rohdichte von 0,9 g/cm³. Wie viel kg wiegt sie?

3. Ein Wandbauteil aus Leichtbeton wiegt 2,389 t. Welche Rohdichte in kg/dm³ hat der Leichtbeton, wenn das Bauteil 1,75 m breit, 3,25 m lang und 0,30 m dick ist?

4. Wie viel wiegt der Unterzug aus Stahlbeton (Bild 3-68) mit einer Rohdichte von 2,6 g/cm³?

Bild 3.68 Unterzug

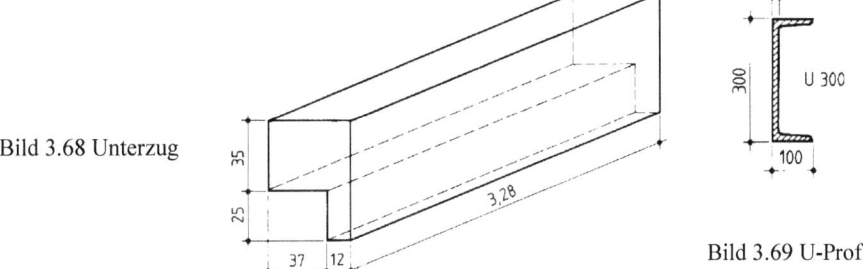

Bild 3.69 U-Profi

5. Mit wie viel Stahlprofilen (Bild 3-69) kann ein LKW von 6,5 t Ladefläche beladen werden? Die Querschnittsfläche eines Stahlprofils U 300 ist 58,8 cm², die Länge 2,85 m, die Dichte 7,85 kg/dm³.

6. Ein Radlader kann mit seinem Schürfkübel 11,4 t Erdreich mit einer Schüttdichte von 1,9 kg/dm³ bewegen. Wie groß ist das Volumen des Schürfkübels in m³?

7. Eine Lieferung von 2,5 m³ erdfeuchtem Sand hat ein Ladegewicht von 4,5 t. Welche Schüttdichte hat der Sand in kg/dm³?

8. Eine Innentreppe aus 18 Stufen soll mit Trittstufenplatten aus Marmor in 5 cm Dicke belegt werden. Wie viel kg wiegen die 18 Marmorplatten bei einer Rohdichte von 2,6 kg/dm³, wenn die Trittstufen 1,36 m lang und 30 cm breit sind?

9. Eine Lieferung Kalksand-Blocksteine im Format 8 DF (l = 240 mm, b = 240 mm, h = 238 mm) hat das Ladegewicht von 12337,92 kg und eine Rohdichte von 1,8 g/cm³. Wie viel Steine wurden geliefert?

3.5 Kräfte

3.5.1 Gewichtskraft

Körper ziehen einander mit einer Kraft an, die ihren Massen proportional ist. Diese Kraft bezeichnen wir als Gravitationskraft.

Die Anziehungskraft, mit der Körper von der sehr großen Erdmasse angezogen werden, ist zum Erdmittelpunkt hin gerichtet.

Im Bereich der Bautechnik brauchen wir nur die Gewichtskraft zu betrachten. Diese ergibt sich aus dem Produkt aus Masse und Fallbeschleunigung. Die Fallbeschleunigung g ist die Beschleunigung, die auf einen frei fallenden Körper wirkt, d. h. sie ist die Geschwindigkeitszunahme eines frei fallenden Körpers je Sekunde. Auf der Erde beträgt die Fallbeschleunigung durchschnittlich 9,81 m/s². In den Berechnungen im Baubereich rechnen wir mit 10 m/s².

$$\text{Gewichtskraft } F_G = \text{Masse } m \cdot \text{Erdbeschleunigung } g$$

Wenn ein Körper mit einer Kraft belastet wird, muss er dieser Belastung eine Kraft (Gegenkraft) entgegensetzen, damit er nicht verformt, zerstört oder umgekippt wird. Sind Kraft und Gegenkraft gleich groß, herrscht Gleichgewicht - das Bauwerk oder die Bauteile bleiben stehen und werden nicht zerstört. Deshalb müssen wir die Kräfte, die die Bauteile oder Bauwerke belasten, ermitteln und die Bauteile so bemessen, dass sie diese Kräfte aufnehmen können.

Einheiten. Die gesetzliche Einheit für die Kraft ist das Newton N.

$$1 \text{ N} = 1 \text{ kgm/s}^2$$

In der Regel benötigen wir in der Bautechnik die größere Einheit kN.

$$1 \text{ kN} = 1000 \text{ N}$$

Beispiel

Mit welcher Kraft belastet eine Rechtecksäule (Länge 0,50 m, Breite 0,35 m, Höhe 3,10 m) aus Stahlbeton mit einer Rohdichte von 2,5 kg/dm³ die Decke?

$$V = l \cdot b \cdot h = 5 \text{ dm} \cdot 3,5 \text{ dm} \cdot 31 \text{ dm} = 542,5 \text{ dm}^3$$

$$M = \rho \cdot V = 2,5 \text{ kg/dm}^3 \cdot 542,5 \text{ dm}^3 = 1356,25 \text{ kg}$$

$$F_G = m \cdot g = 1356,25 \text{ kg} \cdot 10 \text{m/s}^2 = 13562,5 \text{ kgm/s}^2 = 13562,5 \text{ N} = 13,563 \text{ kN}$$

Die DIN 1055 enthält Werte für die Lastannahmen von Baustoffen und Bauteilen. Den Tabellen für die Lastannahmen (Anhang) können wir Werte entnehmen, wie z. B. 21 kN/m³ für Zementmörtel und 0,03 kN/m² pro Lage Bitumendachpappe. An den Maßeinheiten sehen wir, dass es sich bei den Lastannahmen von Baustoffen um volumenbezogene Werte und bei den Eigenlasten der Bauteile um flächenbezogene Werte handelt. Außerdem müssen wir die Verkehrslasten hinzurechnen. Das sind Belastungen durch Menschen, Möbel, Wind, Schnee usw.

Aufgaben

1. Eine Wand aus Bims-Vollsteinen (ρ = 0,9 kg/dm³) ist 4,875 m lang, 30 cm breit und 2,875 m hoch. Wie viel kN/m beträgt die Wandlast je 1 m Wandlänge?

2. Wie viel kN beträgt die Gewichtslast einer 3,75 m langen, 3,125 m hohen und 24 cm breiten Mauer aus Hüttenhohlblocksteinen (ρ = 1,7 kg/dm³)?

3. Mit welcher Gewichtskraft in kN belastet der Mauerpfeiler in Bild 3.70 aus Vollziegeln und Verblendern (ρ = 1,8 kg/dm³)? mit dem Einzelfundament aus Normalbeton B15 den Boden? Weitere Dichtewerte sind in der Tabelle Dichte im Anhang zu finden

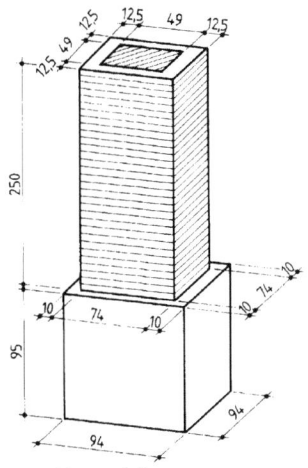

Bild 3.70 Mauerpfeiler   Bild 3.71 **Außenwand**

4. Mit welcher Gewichtskraft je Meter (kN/m) belastet die 2,75 m hohe Außenwand (Bild 3-71) mit dem Aufbau Klinker (ρ = 2,0 kg/dm³), Luftschicht, Schaumkunststoffplatten, Hohlblocksteine aus Leichtbeton (ρ = 1,2 kg/dm³) und Gipskalkputz das Fundament?

5. Die Geschoßdecke in Bild 3.72 hat den Aufbau Teppichboden, Zementestrich, Faser-dämmstoffplatten, Stahlbeton B 25 und Gipskalkputz. Wie viel kN/m² beträgt die Gewichtskraft je m² Decke, wenn noch eine Verkehrslast von 1,5 kN/m² hinzukommt?

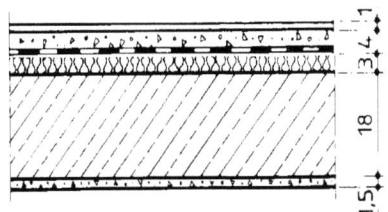

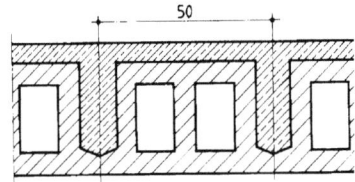

Bild 3.72 Geschoßdecke (Maße in cm)   Bild 3.73 Stahlbetonrippendecke (Maße in cm)

6. Welche Gewichtskraft in kN hat die Stahlbetonrippendecke in Bild 3.73 mit Beton-zwischenbauteilen (ρ = 2,3 kg/dm³; 25 cm dick) und Deckenziegeln (ρ = 0,9 kg/dm³), die 4,68 m lang und 3,25 m breit sind? Die Gesamtdeckendicke beträgt 31,5 cm.

7. Mit 5 cm dicken Natursteinplatten auf einem Mörtelbett soll ein 3,75 m langer und 1,58 m breiter Balkon belegt werden. Wie groß ist die Gewichtskraft in kN, mit der die Beton-platte aus Stahlbeton belastet wird, wenn noch eine Verkehrslast von 2,0 kN/m² hinzu-kommt?

8. Welche Last in kN/m hat ein Balken auf 1 m Länge der Decke in Bild 3.74 mit vollständig freiliegenden Holzbalken aufzunehmen, wenn zu der Eigenlast noch eine Verkehrslast von 2,0 kN/m² hinzukommt?

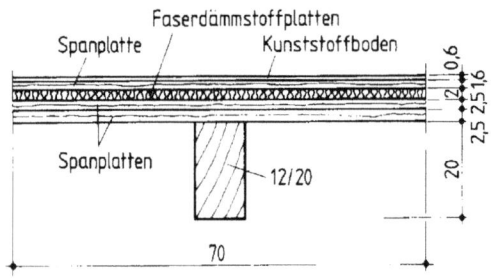
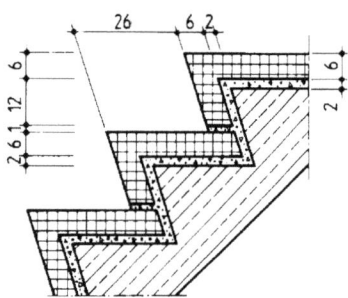

Bild 3.74 Holzbalkendecke   Bild 3.75 Betonwerksteintreppe

9. Eine 1,25m breite Treppe (Bild 3.75) soll mit Winkelstufen aus Betonwerkstein auf Kalkzementmörtel belegt werden. Welche Gewichtskraft in kN hat eine Winkelstufe mit Mörtelbett?

3.5.2 Kräfte zusammensetzen und zerlegen

Die Wirkung einer Kraft ist allein durch ihre Größe in N nicht eindeutig festgelegt. Entscheidend ist die Richtung, in der eine Kraft wirkt, d.h. die Kraft ist ein vektorielle Größe. Man kann Vektoren mit Hilfe von Pfeilen darstellen. Die Länge das Pfeils zeichnet man so, dass sie dem Betrag der Kraft in N entspricht. Will man mehrere Kräfte zusammensetzen, so wählt man als erstes einen geeigneten Maßstab für die Zeichnung, z. B. eine Strecke von 1 cm soll eine Kraft von 5 kN darstellen.

Kräfteparallelogramm. Greifen zwei oder mehrere Kräfte an einem Punkt an, haben aber verschiedene Wirkungslinien (Richtungen), können wir die Resultierende auf zeichnerischem Weg mit Hilfe eines Kräfteparallelogramms ermitteln.

Beispiel Die Kräfte F_1 = 12 kN und F_2 = 18 kN bilden am Angriffspunkt einen Winkel von 60⁰. Welche Größe und Richtung hat die Resultierende?

Wir wählen als erstes den Maßstab für die Zeichnung: 1cm entspricht 3 kN. Nun zeichnen wir das Kräfteparallelogramm.

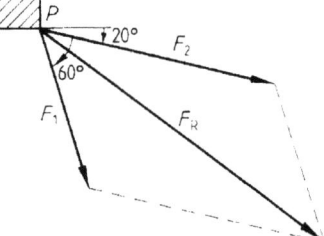

Bild 3.76 Resultierende

Wir messen die Resultierende aus. Das Ergebnis beträgt 8,7 cm. Mit dem von und gewähltem Maßstab ergibt sich:

8,7 cm · 3 kN/cm = 26,1 kN

Die resultierende Kraft hat eine Größe von 26,1 kN.

Rechnerische Addition von Kräften

1. Die Kräfte liegen auf einer Wirkungslinie.

Es brauchen nur die absoluten Beträge der Kräfte addiert zu werden. Die Wirkungslinie der Resultierenden ist die gleiche wie die Wirkungslinie der einzelnen Kräfte.

Beispiel

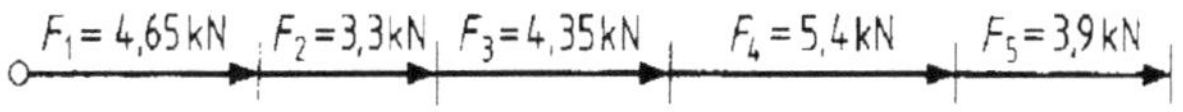

$F_1 = 4,65$ kN ; $F_2 = 3,3$ kN ; $F_3 = 4,35$ kN ; $F_4 = 5,4$ kN ; $F_5 = 3,9$ kN

Bild 3.77 Kräfte auf einer Wirkungslinie

$F_R = F_1 + F_2 + F_3 + F_4 + F_5 = 4,65$ kN $+ 3,3$ kN $+ 4,35$ kN $+ 5,4$ kN $+ 3,9$ kN

$\qquad = 21,6$ kN

2. Die Kräfte wirken senkrecht zueinander.

Der Betrag der resultierenden Kraft kann mit dem Satz des Pythagoras ermittelt werden.

Beispiel $F_1 = 4$ kN; $F_2 = 6,2$ kN

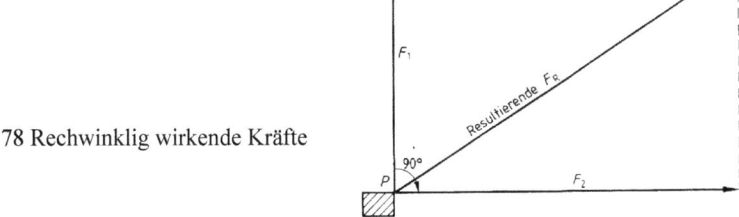

Bild 3. 78 Rechwinklig wirkende Kräfte

$$F_R = \sqrt{F_1^2 + F_2^2} = \sqrt{(4\,\text{kN})^2 + (6,2\,\text{kN})^2} = 7,38\,\text{kN}$$

3. Die Kräfte wirken in beliebigen Winkel

Kräfte im beliebigen Winkel lassen sich mit Hilfe des Cosinussatzes addieren, der hier nicht behandelt werden soll.

Zerlegen von Kräften. Im Baubereich ist es häufig erforderlich, Kräfte in vertikale und horizontale Komponenten zu zerlegen. Das kann rechnerisch mit Hilfe der Winkelfunktionen oder zeichnerisch mit dem Kräfteparallelogramm geschehen.

Eine rechnerische Zerlegung kann mit Hilfe des Satzes des Pythagoras erfolgen, wenn die beiden Komponenten, in die die Kraft zerlegt werden soll, gleich groß sind.

Beispiel Zeichnerisches Zerlegen der dargestellten Kraft von 72 kN in die Komponenten F_1 und F_2.

Bild 3.79 Zerlegen einer Kraft in zwei gleiche, rechtwinklig zueinander stehende Komponenten

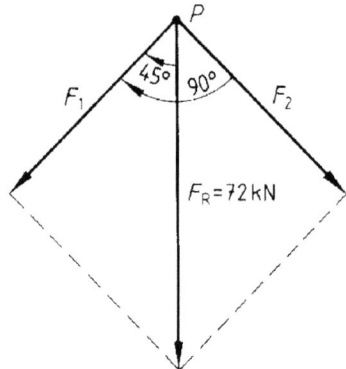

$$F_R = \sqrt{F_1^2 + F_2^2} = \sqrt{2F_1^2} = 72\,kN$$

$$\sqrt{2} \cdot F_1 = 72\,kN$$

$$F_1 = 50,91\,kN$$

Aufgaben

10. Eine Kraft ist 5,6 cm lang gezeichnet. Wie groß ist sie in N, bei einem Kräftemaßstab a) 8 cm entspricht 1 kN; b) 2 cm entspricht 1 kN; c) 1 cm entspricht 5 kN?

11. In welchem Kräftemaßstab wurde die Kraft F = 18,6 kN dargestellt, wenn sie 6,2 cm lang gezeichnet ist?

12. Eine Kraft von 92 kN soll im Kräftemaßstab 1 cm entspricht 20 kN dargestellt werden. Wie viel cm lang muss sie gezeichnet werden?

13. Ermitteln Sie zeichnerisch und rechnerisch die Resultierende der Kräfte F_1 = 1,05 kN, F_2 = 1,65 kN, F_3 = 2,25 kN und F_4 = 1,8 kN, die die gleiche Wirkungslinie und Richtung haben.

14. Die Kräfte F_1, F_2, F_3 und F_4 wirken in entgegen gesetzte Richtungen (Bild 3.80). Es ist die Resultierende bei einem Kräftemaßstab von 1cm entspricht 6 kN zu bestimmen.

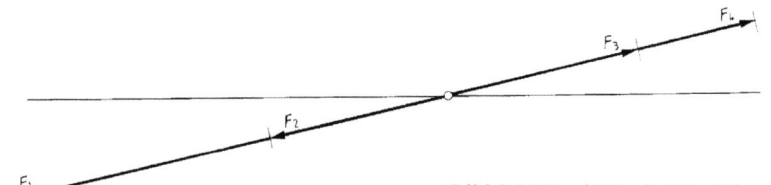

Bild 3.80 Ermitteln der Resultierenden

15. Wie groß ist die Resultierende F_R der beiden Kräfte F_1 = 54 N und F_2 = 122 N, denen die drei Kräfte F_3 = 62 N, F_4 = 54 N und F_5 = 86 N entgegen wirken? Bestimmen sie die Resultierende F_R zeichnerisch und rechnerisch. Kräftemaßstab: 1 cm entspricht 20 N.

16. Bestimmen sie zeichnerisch und rechnerisch die Kraft F_R, die das Fundament in Bild 3-81 aufzunehmen hat.

17. Bestimmen Sie zeichnerisch und rechnerisch die Kräfte F_1 und F_2 am Hängewerk (Bild 3.82). Hinweis: Die rechnerische Bestimmung ist mit dem Satz des Pythagoras möglich, da die Kräfte F_1 und F_2 gleich groß sind. $F_R = 36$ kN.

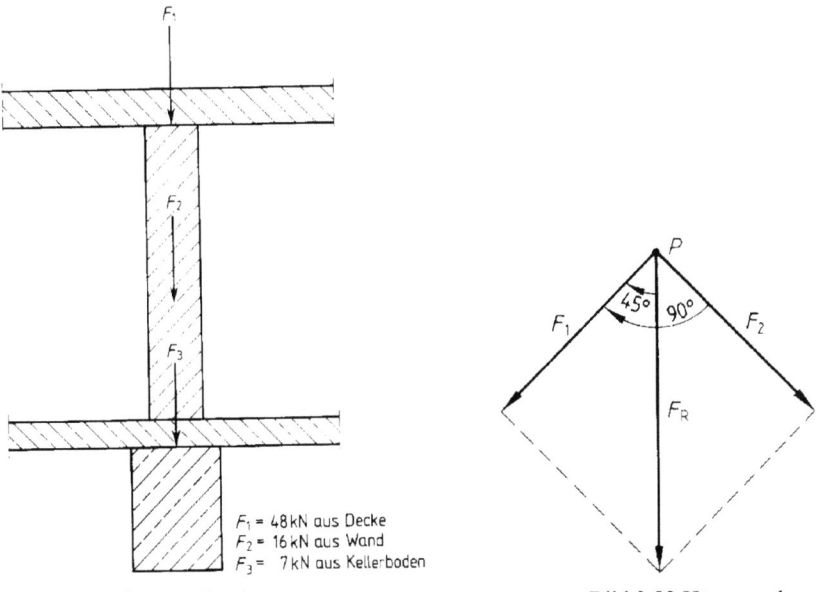

$F_1 = 48$ kN aus Decke
$F_2 = 16$ kN aus Wand
$F_3 = 7$ kN aus Kellerboden

Bild 3.81 Belastung Fundament   Bild 3.82 Hängewerk

3.5.3 Spannung - Belastung des Baugrundes und des Fundamentes

Wirkt eine Kraft von außen auf einen Körper, setzt ihr der Körper einen innere Widerstandskraft entgegen. Diese innere Widerstandskraft bezeichnen wir als Spannung δ (Sigma). Wir können Sie berechnen, wenn die äußere Kraft F und die beanspruchte Querschnittsfläche A bekannt sind.

$$\text{Spannung} = \frac{\text{Kraft}}{\text{Querschnittsfläche}} \qquad \delta = \frac{F}{A}$$

Als Maßeinheiten für die Spannung bzw. Belastung ergeben sich: MN/m² und N/mm². Teilweise, z. B. für die Belastung von Böden, findet auch kN/m² Anwendung.

Zulässige Spannung und Festigkeit. Ist die Belastung größer als die Spannung, die das Bauteil aushalten kann, so bricht das Bauteil. Die Spannung, bei der das Bauteil bricht, nennt man Bruchspannung. Um die Sicherheit eines Bauwerks nicht zu gefährden, muss die auftretende Spannung δ_{vorh} immer kleiner als die Bruchspannung sein.

Die zulässige Spannung δ_{zul} wird mit Hilfe so genannter Sicherheitsbeiwerte aus der Bruchspannung ermittelt und kann aus den entsprechenden Normen entnommen werden.

$$\delta_{\text{vorh}} < \delta_{\text{zul}} < \delta_{\text{Bruch}}$$

Beispiel

Eine Wand lastet mit 0,1 MN auf dem Streifenfundament in Bild 3-83. Wie groß ist die Spannung, die der Fundamentbeton auszuhalten hat?

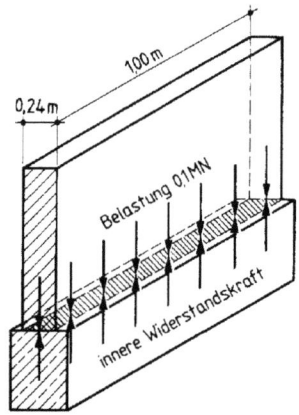

Bild 3.83 Belastung eines Streifenfundaments

$$A = 0{,}24 \text{ m} \cdot 1{,}00 \text{ m} = 0{,}24 \text{ m}^2$$

$$\delta = \frac{F}{A} = \frac{0{,}1 \text{ MN}}{0{,}24 \text{ m}^2} = 0{,}42 \text{ MN} / \text{m}^2 \qquad \text{oder } 0{,}42 \text{ N/mm}^2$$

Nach der Art der Beanspruchung unterscheiden wir zwischen Zug- und Druckfestigkeit.

In den Tabellen 3 bis 7 im Anhang sind die zulässigen Spannungen für Boden, Mauerwerk, Holz, Beton und Stahl zu finden.

Haben wir aus der Tabelle die zulässige Spannung ermittelt, können wir die größtmögliche Belastung oder den notwendigen Querschnitt eines Bauteils berechnen.

Beispiel 1

Welche Last kann ein Mauerpfeiler aufnehmen, der 36,5 cm breit und 49 cm lang ist? Steinfestigkeitsklasse 12, Mörtelgruppe II.

Zulässige Druckspanung bei Festigkeitsklasse 12, Mörtelgruppe II = 1,2 MN/m²

$$A = 0{,}365 \text{ m} \cdot 0{,}490 \text{ m} = 0{,}179 \text{ m}^2$$

$$F = A \cdot \delta_{\text{Dzul}} = 0{,}179 \text{ m}^2 \cdot 1{,}2 \text{ MN/m}^2 = 0{,}2148 \text{ MN} = 214{,}8 \text{ kN}$$

Beispiel 2

Ein 36,5 cm breiter Mauerpfeiler aus Hlz 6-0,7-3DF in Mörtelgruppe III gemauert, wird mit 324 kN belastet.

a) Wie groß muss die belastete Querschnittsfläche in m² mindestens sein?
b) Wie lang muss der Mauerpfeiler in cm gemauert werden?

δ_{Dzul} bei Festigkeitsklasse 6, Mörtelgruppe III: 1,2 MN/m² (aus Tabelle 6 im Anhang)

$$A = \frac{F}{\delta_{Dzul}} = \frac{0,324\,MN}{1,2\,MN/m^2} = 0,27\,m^2$$

$$l = A : b = 0,27\,m^2 : 0,365\,m = 0,74\,m = 74\,cm$$

Beispiel 3

Eine Schwelle aus Laubholz der Holzartgruppe A wird senkrecht zur Faser mit 112,8 kN Druck belastet (Bild 3-84). Wie groß sind die zulässige und vorhandene Druckspannung? Kann das Laubholz diese Belastung tragen?

Wir entnehmen die zulässige Druckspannung senkrecht zur Faser der Tabelle 4 im Anhang: $\delta_{Dzul} = 3$ MN/m².

$$A = 0,20\,m \cdot 0,20\,m = 0,04\,m^2$$

$$\delta_D = \frac{F}{A} = \frac{0,1128\,MN/m^2}{0,04\,m^2} = 2,82\,MN/m^2$$

$$\delta_{Dvorh} = 2,82\,MN/m^2 < \delta_{Dzul} = 3\,MN/m^2$$

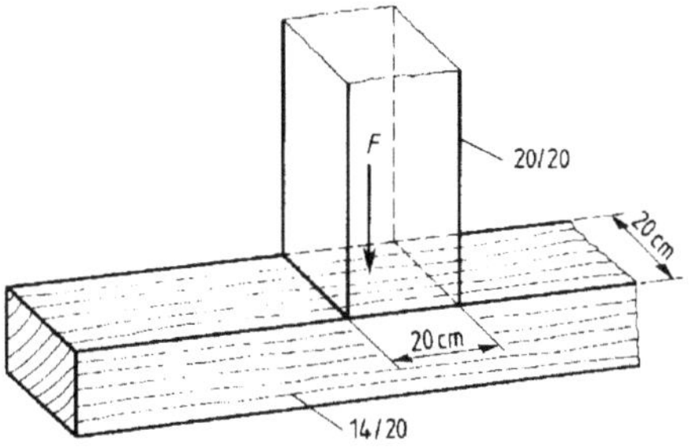

Bild 3.84 Schwelle

Das Laubholz kann die Belastung tragen.

Aufgaben

18. Ein Unterzug aus Stahlbeton überträgt auf ein Wandauflager eine Last von 146 kN. Wie groß sind die Spannungen in MN/m², die das Mauerwerk aufzunehmen hat? Das Auflager ist 36,5 cm breit und 0,25 m lang.

19. Darf eine Holzstütze mit quadratischem Querschnitt 12 cm × 12 cm aus Laubholz Holzartgruppe A mit 164 kN Zug parallel zur Faser belastet werden?

20. Ein Stützenfundament hat eine Grundfläche von 60 cm × 60 cm. Welche Last in kN kann auf dieser Fläche abgesetzt werden, wenn die zulässige Bodenpressung 0,15 MN/m² beträgt?

21. Bei einer Druckprüfung von Beton wurden 3 Probewürfel mit einer Kantenlänge von 20 cm mit den Kräften 1,406 MN, 1,827 MN, 1,594 MN zerstört. Wie groß ist die Druckfestigkeit der drei Probewürfel in N/mm²?

22. Das Streifenfundament in Bild 3.85 soll je 1 m Länge eine Last von 165 kN auf einen gemischtkörnigen, halbfesten Boden übertragen. Wie breit muss das Streifenfundament in cm werden?

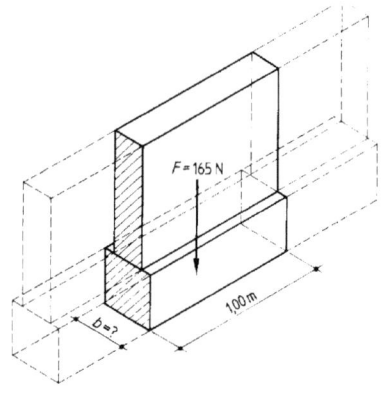

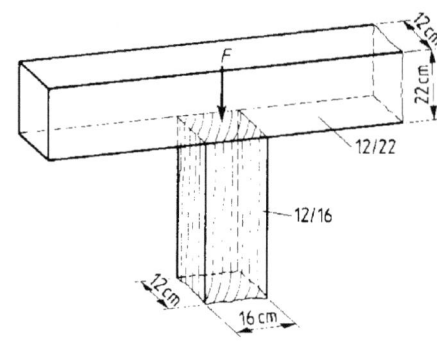

Bild 3.85 Bodenbelastung

Bild 3.86 Pfosten

23. Der Pfosten in Bild 3.86 aus Nadelholz der Klasse S 13 wird mit 160,32 kN Druck belastet.
    a) Wie groß sind die zulässige und vorhandene Druckspannung?
    b) Kann das Holz die Belastung tragen?

24. Die Rundholzstütze in Bild 3.87 aus Nadelholz Klasse S 13 unterstützt den Balken einer Pergola. Welche Druckkraft in kN kann sie aufnehmen, wenn sie einen Durchmesser von 18 cm hat?

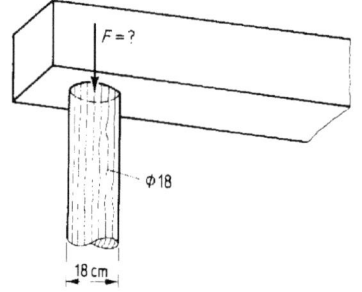

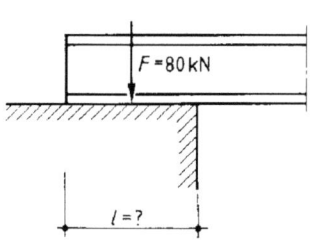

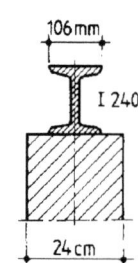

Bild 3.87 Rundholzstütze

Bild 3.88 Mauerwerksauflager

25. Wie lang muss das Auflager in Bild 3.88 für den Stahlträger I 240 auf dem Mauerwerk werden? Das Mauerwerk besteht aus DIN 105-MZ12-1,6-3DF, Mörtelgruppe III. Der Stahlträger überträgt eine Last von 80 kN.

26. Die Stahlstütze in Bild 3-89 aus H 300 soll auf ein Einzelfundament aus Beton der Druckfestigkeitsklasse C 16/20 eine Last von 850,5 kN übertragen. Als Fuß erhält die Stütze eine quadratische Stahlplatte. Welche Kantenlänge in mm muss die Stahlplatte haben, damit das Fundament die Belastung tragen kann?

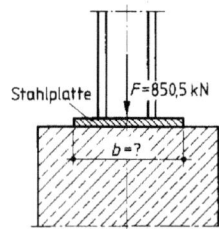

Bild 3.89 Stahlplatte

4 Mauerwerk

4.1 Maßordnung im Hochbau

4.1.1 Grundflächen nach DIN 277

Für die Kostenrechnung von Hochbauten ist die Ermittelung von Grundflächen und Rauminhalten Voraussetzung. Diese Berechnungen werden nach DIN 277 durchgeführt.

Wohnflächenberechnungen erfolgen im allgemeinen nicht nach dieser DIN sondern nach der Wohnflächenverordnung 2004, die die II. Verordnung über wohnungswirtschaftliche Berechnungen am 1.1.2004 abgelöst hat. Die Berechnung von Wohnflächen nach dem Wohnraumförderungsgesetz muss nach dieser Wohnflächenverordnung erfolgen.

Grundflächen werden in der waagrechten Ebene gemessen. Das bedeutet, dass schrägliegende Flächen in die Waagrechte zu projizieren sind.

Beispiel 1 Berechnung der Grundfläche des Grundstücks in Bild 4.1.

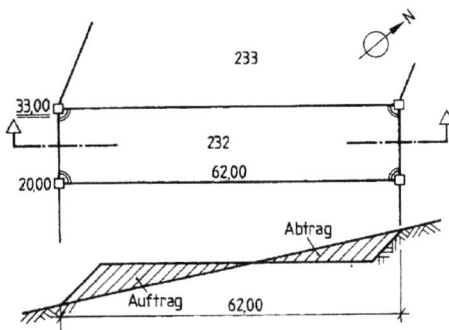

Bild 4.1 Baugrundstück

$$A = 62,00 \text{m} \cdot 13,00 \text{ m} = 806,00 \text{ m}^2$$

Beispiel 2 Preis des Grundstücks

Wie viel kostet das Grundstück in Bild 4-1, beim Preis von 230,- €/ m²

$$P = 806,00 \text{ m}^2 \cdot 230,- €/ \text{m}^2 = 185380 €$$

Begriffe

Brutto-Grundfläche (BGF) ist die Summe der Grundflächen eines Bauwerks. Berechnungsmaß sind die äußeren Abmessungen der begrenzenden Bauteile (Wände). Mauervorsprünge oder gestalterische Veränderungen der Außenwand werden nicht mitgerechnet.
Die Brutto-Grundfläche gliedert sich in Konstruktions-Grundfläche und Netto-Grundfläche.

Netto-Grundfläche (NGF) ist die Summe der nutzbaren, zwischen den aufgehenden Bauteilen befindlichen Grundflächen aller Grundrissebenen eines Bauwerkes. Zur Netto-Grundfläche gehören auch die Grundflächen von freiliegenden Installationen und von fest einge-bauten Gegenständen, z. B. von Öfen. Gemessen wird in Fußbodenhöhe einschließlich Putz und Bekleidungen, aber ohne Fußleisten. Die Netto-Grundfläche gliedert sich in Nutzfläche, Funktionsfläche und Verkehrsfläche.

Konstruktions-Grundfläche (KGF) ist die Summe der Grundflächen der aufgehenden Bauteile aller Grundrissebenen eines Bauwerkes, z. B. von Wänden, Stützen und Pfeilern. Zur Konstruktions-Grundfläche gehören auch die Grundflächen von Schornsteinen, nicht begehbaren Schächten, Türöffnungen, Nischen sowie von Schlitzen.

Die **Nutzfläche (NF)** ist eine Teilfläche der NGF, die dem Zweck und der vorhergesehenen Nutzung des Bauwerks dient (z. B. Wohn-, Lager-, Büroflächen).

Funktionsfläche (FF) ist der Teil der Nutzfläche für betriebstechnische Anlagen wie Hei-zung, Lüftung, Wasser, Abwasser, Gas, Strom, Raumluft- und Fördertechnik, Abfall- und Feuerlöschanlagen. Sofern es die Zweckbestimmung eines Bauwerkes ist, eine oder mehrere betriebstechnische Anlagen unterzubringen, die der Ver- und Entsorgung anderer Bauwerke dienen, z. B. bei einem Heizhaus, sind die dafür erforderlichen Grundflächen jedoch als Nutzflächen einzustufen.

Verkehrsfläche (VF) ist der Teil der NGF, der für die Verkehrserschließung des Bauwerks nötig ist (z. B. Treppenhäuser, Flure).

BGF = NGF + KGF

NGF = NF + FF + VF

Grundflächen und Rauminhalte sind nach ihrer Zugehörigkeit zu folgenden Bereichen ge-trennt zu ermitteln:
- Bereich a: überdeckt und allseitig in voller Höhe umschlossen,
- Bereich b: überdeckt, jedoch nicht allseitig in voller Höhe umschlossen,
- Bereich c: nicht überdeckt.

Sie sind ferner getrennt nach Geschossen und nach unterschiedlichen Höhen zu ermitteln.

Beispiel Berechnung der Brutto-Grundfläche und der Konstruktions-Grundfläche

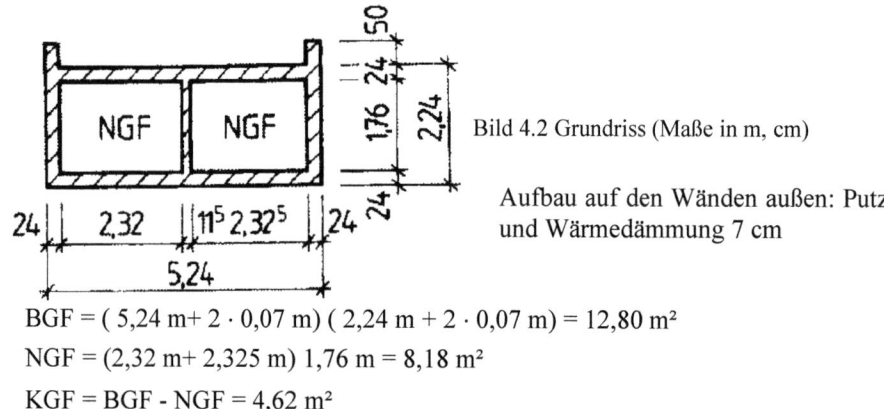

Bild 4.2 Grundriss (Maße in m, cm)

Aufbau auf den Wänden außen: Putz und Wärmedämmung 7 cm

BGF = (5,24 m + 2 · 0,07 m) (2,24 m + 2 · 0,07 m) = 12,80 m²

NGF = (2,32 m + 2,325 m) 1,76 m = 8,18 m²

KGF = BGF - NGF = 4,62 m²

Beispiel

Für den Grundriss eines Flachdach-Bungalows ist die Brutto-Grundfläche zu ermitteln. Der Aufbau der Außenhaut wird 2 · 0,06 m = 0,12 m gewählt.

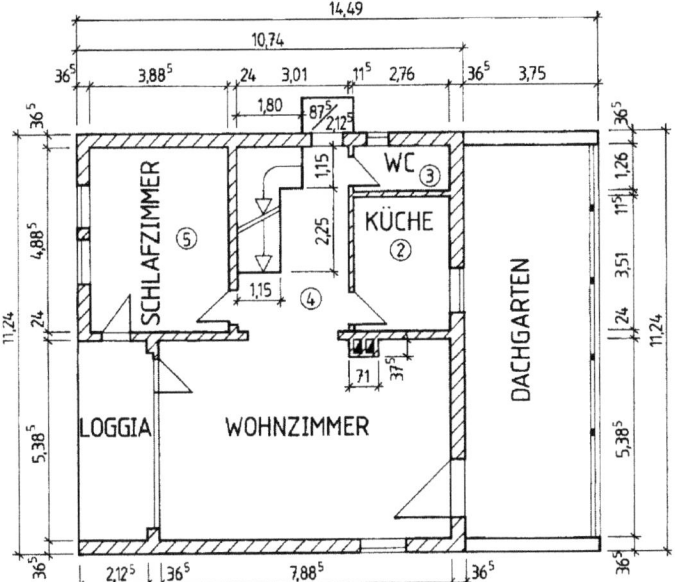

Bild 4.3 Bungalow, Erdgeschoss (Maße in m, cm)

$$A_a = (10,74 + 0,12) \text{ m} \cdot (11,24 + 0,12) \text{ m} - 2,125\text{m} (5,365 + 0,365) \text{ m} = 111,15 \text{ m}^2$$
$$A_b = (5,385 + 0,365) \text{ m} \cdot 2,125 \text{ m} = 12,219 \text{ m}^2$$
$$A_c = 11,24 \text{ m} \cdot 3,75 \text{ m} = 42,15 \text{ m}^2$$
$$BGF = 11,15 \text{ m}^2 + 12,219 \text{ m}^2 + 42,15 \text{ m}^2$$

Beim Ermitteln der Netto-Grundfläche werden Aussparungen und Nischen, Öffnungen für Türen und Fenster und nicht begehbare Flächen nicht berücksichtigt.

Beispiel

Für den Bungalow in Bild 4-3 sind die Netto-Grundfläche (NGF) und die Konstruktions-Grundfläche (KGF) des Erdgeschosses zu berechnen. Der Innenputz wird 1,5 cm dick ausgeführt.

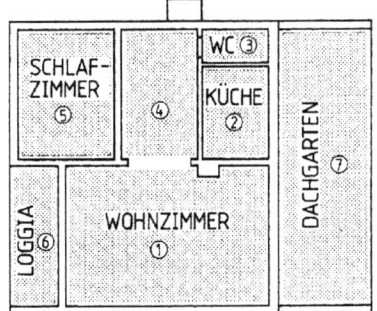

Bild 4.4 Netto-Grundfläche

Berechnung der Netto-Grundfläche

$A_1 = (7,885 - 2 \cdot 0,015) \cdot (5,385 - 2 \cdot 0,015) - (0,71 + 2 \cdot 0,015) \cdot 0,375 = 41,784$ in m²

$A_2 = (3,51 - 2 \cdot 0,015) \cdot (2,76 - 2 \cdot 0,015) \qquad\qquad\qquad\quad = 9,500$ in m²

$A_3 = (1,26 - 2 \cdot 0,015) \cdot (2,76 - 2 \cdot 0,015) \qquad\qquad\qquad\quad = 3,358$ in m²

$A_4 = (3,01 - 2 \cdot 0,015) \cdot (4,885 - 2 \cdot 0,015) \qquad\qquad\qquad = 14,468$ in m²

$A_5 = (3,885 - 2 \cdot 0,015) \cdot (4,885 - 2 \cdot 0,015) \qquad\qquad\quad = 18,716$ in m²

$A_6 = (5,385 - 2 \cdot 0,015) \cdot 2,125 \qquad\qquad\qquad\qquad\qquad = 11,379$ in m²

$A_7 = [(11,24 - 2 \cdot 0,365 + 2 \cdot 0,015)] 3,75 \qquad\qquad\qquad\; = \underline{39,300}$ in m²

$$\text{NGF} = 138,51 \text{ m}^2$$

KGF = BGF - NGF = 165,520 m² - 138,505 m² = 27,02 m²

Aufgaben

1. Für die in Bild 4.5 dargestellte Garage sind die BGF, NGF und KGF zu berechnen. Die Putzstärke innen beträgt 1,5 cm, außen 2 cm.

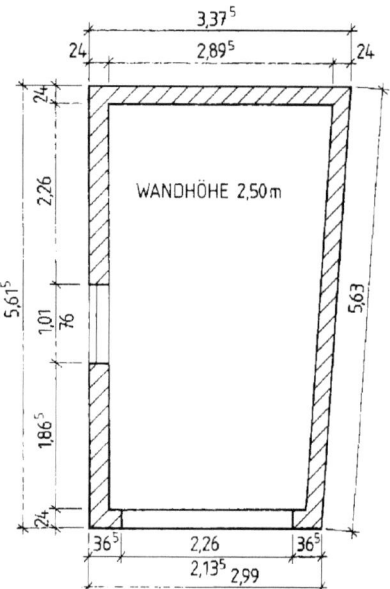

Bild 4.5 Garage

2. Für das im Bild 4.6 dargestellte Grundstück sind zu berechnen:

a) die anrechenbare (waagrechte) Grundstücksfläche

b) die waagrechte, nutzbare Fläche ohne Böschungsflächen. Böschungsneigung 1 : 1,5

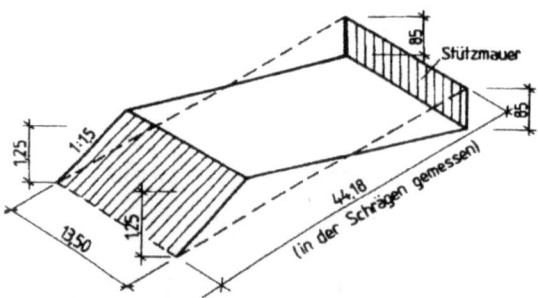

Bild 4.6 Grundstück am Hang

4.1.2 Rauminhalte nach DIN 277

Grundlegend für die Berechnung der Rauminhalte sind die in Abschnitt 4.1.1 berechneten Flächen. Sie werden mit den entsprechenden Höhen multipliziert.

Brutto-Rauminhalt (BRI)

ist der Rauminhalt des Baukörpers zwischen den äußeren Begrenzungsflächen, gemessen ohne Fundamente, Lichtschächte, Außentreppen und -rampen, Eingangsüberdachungen, Dachgau-ben und -überstände, Lichtkuppeln und Schornsteinköpfe.

Als Höhen für die Ermittlung des Brutto-Rauminhaltes gelten die senkrechten Abstände zwischen den Oberflächen des Bodenbelages der jeweiligen Geschosse.

Im Dachgeschoss gilt als obere Grenze für die Höhenbestimmung die Oberfläche des Dachbelages.

Bei untersten Geschossen gilt als Höhe der Abstand von der Unterfläche der konstruktiven Bauwerkssohle bis zur Oberfläche des Bodenbelages des darüber liegenden Geschosses.

Bei Luftgeschossen gilt als Höhe der Abstand von der Oberfläche des Bodenbelages bis zur Unterfläche der darüber liegenden Deckenkonstruktion.

Für die Höhen des Bereichs c sind die Oberkanten der diesem Bereich zugeordneten Bauteile, z. B. Brüstungen oder Geländer, maßgebend.

Bei Bauwerken oder Bauwerksteilen, die von nicht senkrechten oder nicht waagerechten Flächen begrenzt werden, ist der Rauminhalt nach entsprechenden Formeln zu berechnen.

Netto-Rauminhalt (NRI)
Der Netto-Rauminhalt ist aus den Netto-Grundflächen und den lichten Raumhöhen sinngemäß zu berechnen.

Beispiel Ermittelung der Geschosshöhen

Unteres Geschoss

(Kellergeschoss):

h = (2,46 + 0,08 + 0,12 + 0,17 + 0,12) m

h = 2,95 m

Normalgeschoss:

h = 2,80 m

Dachgeschoss:

h = 2,46 m

Loggia:

h = (2,80 + 0,08 + 0,17) m = 3,05 m

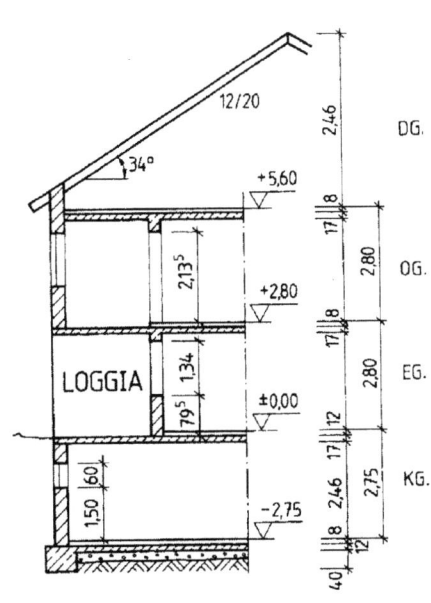

Bild 4.7 Geschosshöhen

Beispiel 1 Der Bruttorauminhalt für das Gartenhaus in Bild 4-8 ist zu ermitteln. Außenputz 2,5 cm.

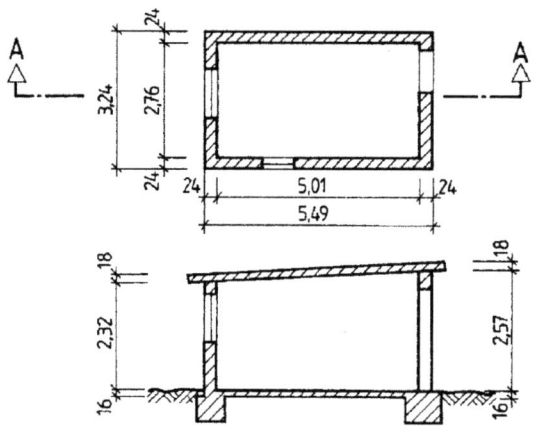

Bild 4.8 Gartenhaus

BGF = (5,49 m + 2 · 0,025)m · (3,24 + 2· 0,025)m = 18,23 m²

h_1 = (2,57 + 0,16 +0,18) m = 2,91 m

h_2 = (2,32 + 0,16 +0,18) m = 2,66 m

BRI = BGF · Höhe = 18,23 m² · (2,91 +2,66)m / 2 = 50,77 m³

Beispiel 2 Berechnen Sie den Bruttorauminhalt für das Gebäude in Bild 4.9.

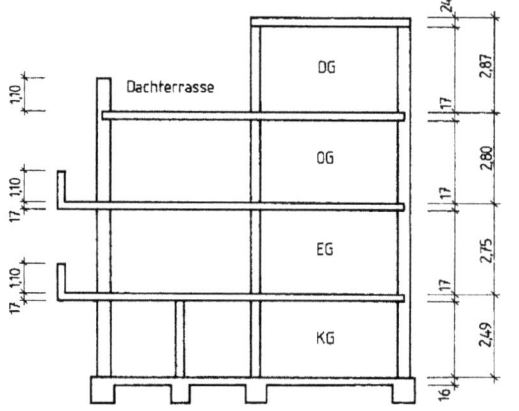

Bild 4.9 Gebäudeschnitt

Bereits geben sind folgende BGF:

BGF Dachterrasse	= 72,12 m²	BGF Dachgeschoss	= 26,08 m²
BGF Balkone	= 12,05 m²	BGF Balkone EG	= 12,05 m²
BGF Obergeschoss	= 98,20 m²	BGF Erdgeschoss	= 98,20 m²
BGF Kelleregeschoss	= 98,20 m²		

Berechnung:

BRI Kellergeschoss	= 98,20 m² (2,49 +0,16) m	= 260,23 m³
BRI Erdgeschoss	= 98,20 m²· 2,75 m	= 270,05 m³
BRI Obergeschoss	= 98,20 m² · 2,80 m	= 274,96 m³
BRI Dachgeschoss	= 26,08 m² · 2,87 m	= 74,85 m³
BRI Balkone	= (12,05 +12,05) m²· (1,10 +0,17) m	= 30,61 m³
BRI Dachterrasse	= 72,12 m² · 1,10 m	= 79,33 m³
BRI Gesamt		= 990,03m³

Aufgaben

3. Für die im Querschnitt dargestellte Bahnsteigüberdachung in Bild 4.9 mit insgesamt 43,00 m Länge ist der Bruttorauminhalt zu berechnen.

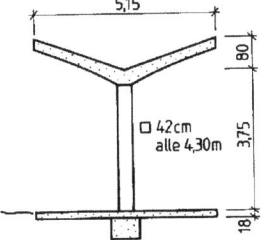

Bild 4.9 Bahnhofüberdachung

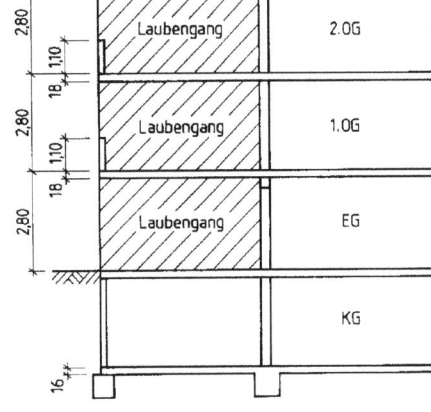

Bild 4.10 Laubengänge

4. Bild 4.10 zeigt den Fassadenschnitt durch einen Hotelbau. Ermitteln Sie den Bruttorauminhalt für die Laubengänge. Die BGF für die Laubengänge wurde mit 20,30 m² je Geschoss berechnet.

5. Berechnen Sie für das in Bild 4.11 bis 4.13 dargestellte Gebäude den Bruttorauminhalt. Kein Außenputz.

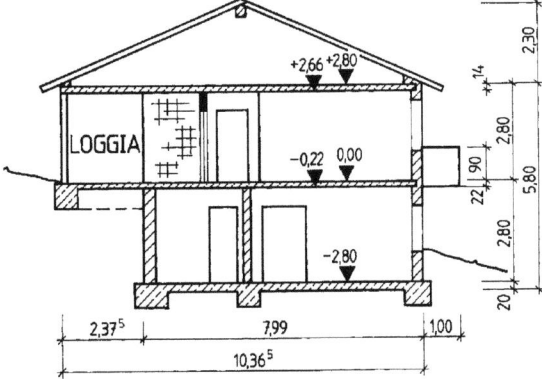

Bild 4.11 Schnitt durch einen Bungalow

108

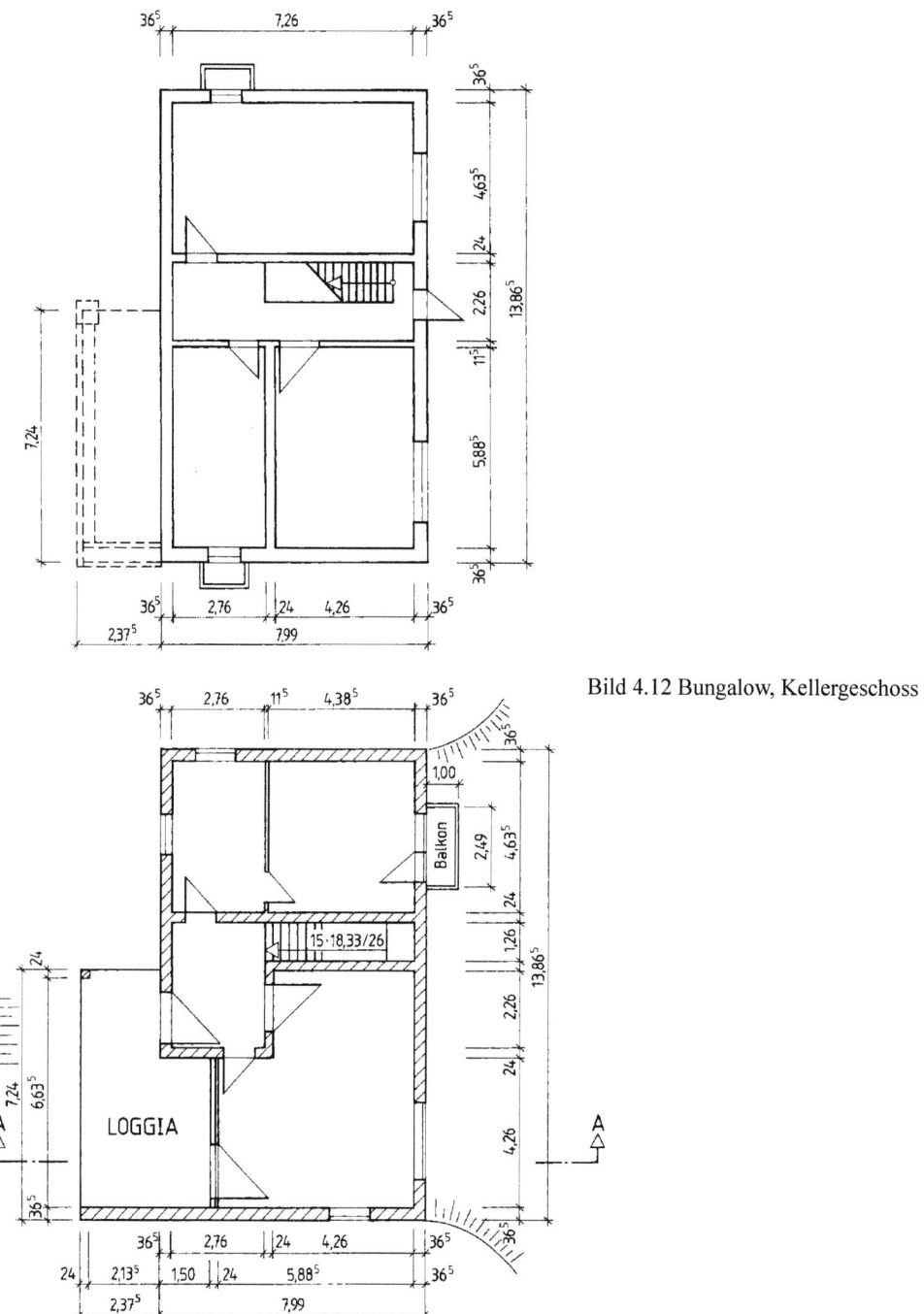

Bild 4.12 Bungalow, Kellergeschoss

Bild 4.13 Bungalow, Erdgeschoss

4.1.3 Wohnflächen nach der Wohnflächenverordnung 2004

Zur Wohnfläche zählen die Flächen aller Räume, die ausschließlich zu einer Wohnung gehören, d. h. auch Küchen, Flure, Bäder und WC's, . Zur Wohnfläche gehören auch die Grundflächen von Wintergärten, Schwimmbädern und ähnlichen nach allen Seiten geschlossenen Räumen sowie Balkonen, Loggien, Dachgärten und Terrassen, wenn sie ausschließlich zu der Wohnung gehören.

Nicht mitgerechnet werden Zubehör- und Wirtschaftsräume, wie Keller, Waschküchen, Dachböden, Trockenräume, Garagen, Abstellräume, Vorratsräume, die außerhalb der Wohnung liegen. Räume, die nicht den an ihre Nutzung zu stellenden Anforderungen des Bauordnungsrechtes der Länder genügen, sowie Geschäftsräume gehören nicht zur Wohnfläche.

Berechnung

Die Grundfläche ist nach den lichten Maßen zwischen den Bauteilen zu ermitteln; dabei ist von der Vorderkante der Bekleidung der Bauteile auszugehen. Bei fehlenden begrenzenden Bauteilen ist der bauliche Abschluss zu Grunde zu legen.

Die Grundfläche ist durch Ausmessungen im fertig gestellten Wohnraum oder auf Grund einer Bauzeichnung zu ermitteln. Bei der Ermittelung mit Hilfe einer Bauzeichnung muss diese die Ermittlung der lichten Maße zwischen den Bauteilen ermöglichen.

Bei der Ermittlung der Grundfläche sind namentlich einzubeziehen die Grundflächen von
1. Tür- und Fensterbekleidungen sowie Tür- und Rahmenumrahmungen,
2. Fuß-, Sockel- und Schrammleisten,
3. fest eingebauten Gegenständen, wie z. B. Öfen, Heizgeräte, Herde und Wannen
4. freiliegenden Installationen,
5. Einbaumöbeln und
6. nicht ortsgebundenen, versetzbaren Raumteilern

Bei der Ermittlung der Grundflächen bleiben außer Betracht die Grundflächen von
1. Schornsteinen, Vormauerungen, Bekleidungen, freistehenden Pfeilern und Säulen, wenn sie eine Höhe von mehr als 1,50 m aufweisen und ihre Grundfläche größer als 0,1 m² ist,
2. Treppen mit über drei Steigungen und deren Treppenabsätzen,
3. Türnischen und
4. Fenster- und offenen Wandnischen, die nicht bis zum Fußboden herunterreichen oder bis zum Fußboden herunterreichen und 0,13 m oder weniger tief sind.

Die Grundflächen
1. von Räumen und Raumteilen mit einer lichten Höhe von mindestens 2 m sind vollständig,
2. von Räumen und Raumteilen mit einer lichten Höhe von mindestens 1 m und kleiner als 2 m sind zur Hälfte,
3. von unbeheizbaren Wintergärten, Schwimmbädern und ähnlichen nach allen Seiten geschlossenen Räumen sind zur Hälfte,
4. von Balkonen, Loggien, Dachgärten und Terrassen sind in der Regel zu einem Viertel, höchstens jedoch zur Hälfte,

anzurechnen.

Beispiel   Berechnung der Wohnfläche eines Dachzimmers

Für das Zimmer wurden gemessen: Länge 4,85 m, Breite 2,56 m. Die Längswand ist auf der einen Seite 1,79 m und auf der anderen 2,85 m hoch.

Wir ermitteln, die Stelle, an der die Höhe 2 m erreicht wird. Die Seiten in ähnlichen Dreiecken verhalten sich wie die zugehörigen Längen (Strahlensatz):

$$\frac{x}{2,56\,m} = \frac{2\,m - 1,79\,m}{2,85\,m - 1,79\,m} = \frac{0,21\,m}{1,06\,m} = 0,198$$

$$x = 2,56\,m \cdot 0,198 = 0,51\,m$$

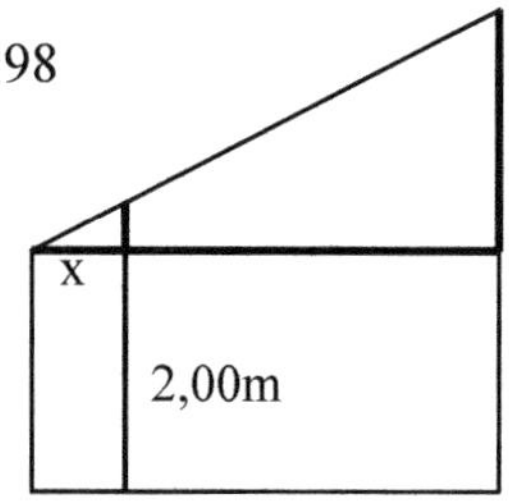

Bild 4.14 Ermittelung der Strecke x

Nun können wir die beiden Flächenteile berechnen:

Die niedrige Teil hat eine Fläche A_1 von:

$A_1 = 0,51$ m$\cdot$ 4,85m =2,47 m².

Der höhere Teil hat eine Fläche A_2 von:

$A_2 = (2,56$ m - 0,51 m$) \cdot 4,85$m =2,05 m $\cdot$ 4,85m = 9,94 m²

$A_{ges} = 0,5 \cdot A_1 + A_2 = 0,5 \cdot 2,47$ m² $+$ 9,94 m² $= 11,18$ m²

Aufgabe

6. Berechnen Sie die Wohnfläche für ein Dachzimmers mit l = 5,10 m; b= 3,95 m. Die Längswand ist auf der einen Seite 1,58 m und auf der anderen 2,95 m hoch.

4.1.4 Grundflächenzahl und Geschossflächenzahl

In Bebauungsplänen ist vorgegeben, wie viel m² Grundstücksfläche eines Baugrundstücks bebaut werden dürfen. Dieser Anteil wird durch die Grundflächenzahl GRZ ausgedrückt.

Beispiel Grundstücksgröße = 860 m², Grundflächenzahl (GRZ) = 0,3

Zulässige Grundfläche = 0,3 $\cdot$ 860m² = 258 m²

Die Geschossflächenzahl GFZ gibt an, wie viel Quadratmeter Geschossfläche je Quadratmeter Grundstücksfläche zulässig sind (§ 20 Landesbauordnung Nordrhein-Westfalen).

Beispiel 1

Grundstücksgröße = 1020 m², Geschossflächenzahl GFZ = 1,1

zulässige Geschossfläche = 1,1· 1020 = 1122 m²

Bei vier Vollgeschossen = 1122 m² : 4 = 281 m² je Geschoss

Die Brutto-Grundrissfläche muss ≤ der zulässigen Grundfläche von 1122 m² sein.

Beispiel 2

Für das Grundstück in Bild 4-15 sind die zu
fläche zu berechnen.

Vorgaben aus dem Lageplan:

III - 3 Geschosse sind zulässig

0,4 - Grundflächenzahl

1,1 - Geschossflächenzahl

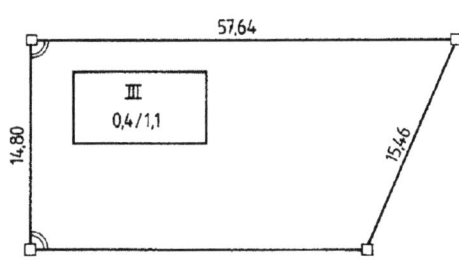

Bild 4.15 Lageplan

Berechnung:

Grundstücksgröße $A = 14,80 \cdot \left(\dfrac{57,64\,m + 53,17\,m}{2} \right) = 820\,m^2$

Zulässige Grundfläche für das Bauvorhaben = 0,4 · 820 m² = 328 m²

Zulässige Geschossfläche 1,1· 820 m² = 902 m²

Bei drei zulässigen Vollgeschossen ergeben sich je Geschoss 902 m² : 3 = 301 m²

Aufgabe

7. Das Grundstück in Bild 4.16 soll mit einem Mehrfamilienhaus bebaut werden. Berechnen
   Sie die

   a) mögliche Grundfläche,

   b) die gesamte zulässige Geschossfläche

   c) die Geschossfläche je Vollgeschoss

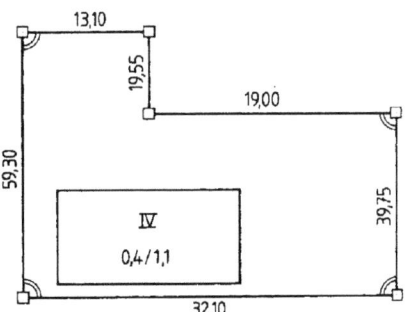

Bild 4.16 Baugrundstück

4.2 Mauerwerksberechnungen

4.2.1 Mauerlängen

Mauerlängen und -höhen werden nach der Maßordnung im Hochbau (DIN 4172) berechnet. Die Norm führt Baurichtmaße auf, nach denen wir uns richten. Einheit ist das Meter. Das **Achtelmeter** (am) ist die Baunormzahl und damit Ausgangsgröße für die Berechnung von Mauerlängen (1 am = 100 cm : 8 = 12,5 cm). Baurichtmaße sind 12,5 cm, Teile von 12,5 cm, wie auch Vielfache von 12,5 cm. In der Praxis wird für das Achtelmeter der Begriff „Kopf" verwendet. Ein Kopf ist die Breite der Kopffläche eines Steines im Normalformat (NF) von 11,5 cm mit einer Fuge von 1 cm Breite (Bild 4.17).

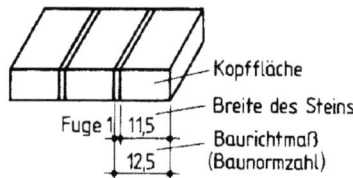

Bild 4.17 Baurichtmaß (Maße in cm)

Mauerlängen

In den Ausführungszeichnungen oder Werkplänen, nach denen wir mauern, stehen die Nennmaße (oder Rohbaumaße). Sie können um 1 cm von den Baurichtmaßen abweichen.

Das Nennmaß (die Mauerlänge) wird aus dem Baurichtmaß unter Berücksichtigung der Fugen berechnet. Dabei unterscheiden wir drei Fälle:

1. Frei endende Mauer (Bild 4.18):   Nennmaß = Baurichtmaß - 1 cm Fuge

2. Einseitig angebaute Mauer (Bild 4.19):   Nennmaß = Baurichtmaß

3. Beidseitig angebaute Mauer (Bild 4.20):   Nennmaß = Baurichtmaß + 1cm Fuge

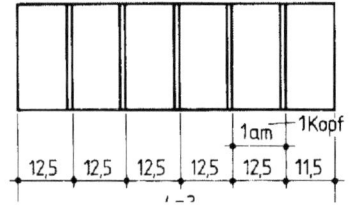

Bild 4.18 Beiderseits frei endende Mauer,
(Pfeilermaß), Maße in cm

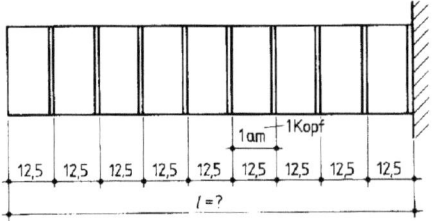

Bild 4.19 Einseitig angebaute Mauer (Vorlagemaß)

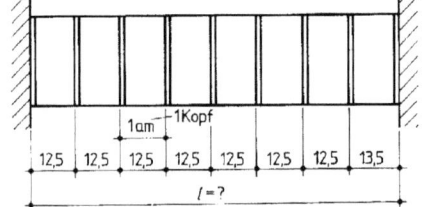

Bild 4.20 Beiderseits angebaute Mauer
(Nischen- oder Öffnungsmaß)

Beispiele Berechnen der Längen in den Bildern 4.18 bis 4.20.

Bild 4.18 $6 \cdot 12,5$ cm - 1 cm = 74 cm

Bild 4.19 $9 \cdot 12,5$ cm = 112,5 cm = 1,125 m

Bild 4.20 $8 \cdot 12,5$ cm + 1 cm = 101 cm = 1,01 m

Umgekehrt können wir aus der Mauerlänge die Anzahl der Köpfe berechnen:

Beispiel 1 Wie viel Köpfe gehen auf einen Mauerpfeiler von 74 cm Länge (Bild 4.18)?

Anzahl der Köpfe = (74cm + 1 cm) : 12,5 cm = 6

Beispiel 2 Wie viel Köpfe gehen auf eine 1,125 m lange Mauervorlage (Bild 4.19)?

Anzahl der Köpfe = 1125 cm : 12,5 cm = 9

Beispiel 3 Wie viel Köpfe gehen auf eine 1,01 m lange Mauernische (Bild 4.20)?

Anzahl der Köpfe = (101cm - 1 cm) : 12,5 cm = 8

Aufgaben

1. Wie lang ist die Außenmauer eines Hauses bei a) 151 Achtelmeter, b) 101 Achtelmeter, c) 79 Achtelmeter?

2. Wie breit ist die Fensteröffnung von 29 am?

3. Aus wie viel Köpfen besteht ein Brüstungsmauerwerk bei einer 2,385 m breiten Fensteröffnung?

4. Wie lang ist die Zwischenwand in einem Haus bei a) 71 am, b) 88 am, c) 41 am?

5. Wie lang ist der Mauervorsprung bei a) 14 am, b) 5 am, c) 9 am?

6. Berechnen Sie die Anzahl der Mauersteine des Mauerpfeilers in Bild 4.21 im Normalformat (Breite 11,5 cm, Länge 24 cm, Höhe 7,1 cm) für eine Schicht.

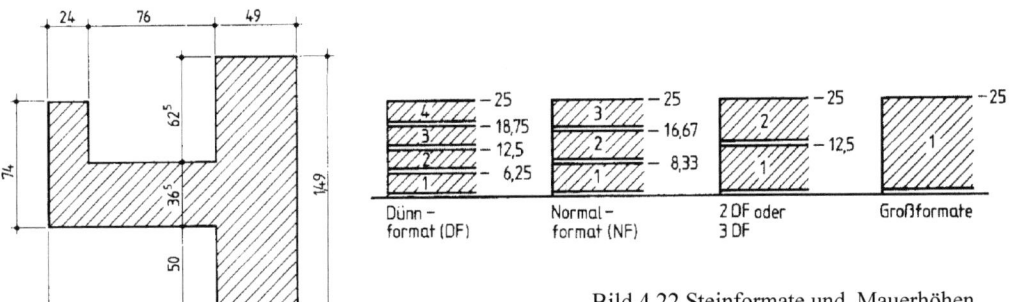

Bild 4.21 Mauerpfeiler

Bild 4.22 Steinformate und Mauerhöhen

Mauerhöhen

Auch die Mauerhöhen sollen der Maßordnung für den Hochbau entsprechen. Sie werden aus den Baurichtmaßen 25 cm, 25/2cm = 12,5 cm, 25/3 cm = 8,33 cm oder 25/4 cm = 6,25 cm abgeleitet (Bild 4.22).

4.2.2 Baustoffbedarf

Der Baustoffbedarf bei Mauerwerk wird nach DIN 18330 bei 11,5 cm dicken Wänden nach m², bei mehr als 11,5 cm bis 40 cm Dicke nach m² oder m³, bei mehr als 40 cm dicken Wänden nur nach m³ berechnet. Höhen bei Geschossmauerwerk werden von der OK Rohdecke bis OK Rohdecke gerechnet.

Beispiele Für eine 8,10 m² große Wand, Wanddicke 24 cm, ist der Stein- und Mörtelbedarf in NF zu berechnen. Nach Tabelle 8 in Anhang: 412 Steine/m³ und 265 l Mörtel.

$$8,10 \text{ m}^2 \cdot 0,24 \text{ m} = 1,944 \text{ m}^3$$

$$1,944 \text{ m}^3 \cdot 412 \text{ Steine/m}^3 = 801 \text{ Steine}$$

$$1,944 \text{ m}^3 \cdot 265 \text{ l/m}^3 = 515 \text{ l Mörtel}$$

oder gerechnet nach m²:

$$8,10 \text{ m}^2 \cdot 100 \text{ Steine/m}^2 = 801 \text{ Steine}$$

$$810 \text{ m}^2 \cdot 65 \text{ l/m}^2 = 527 \text{ l Mörtel}$$

Für die Abrechnung wird das Mauerwerk je nach Mauerdicke im Flächenmaß (m²) oder Raummaß (m³) getrennt ermittelt.

Abrechnung nach Flächenmaß

Öffnungen, wie z. B. Fenster sind abzuziehen, wenn sie größer als 1,00 m² sind. Bauteile, wie Betonplatten oder Stahlbetonbalken werden abgezogen, wenn die Fläche des Bauteils größer als 0,25 m² ist. Nischen im Mauerwerk werden nicht abgezogen, es sein denn das Mauerwerk hinter der Nische wird gesondert abgerechnet.

Bei Abrechnung von Mauerwerk nach Flächenmaß werden die Massen auf zwei Stellen nach dem Komma ermittelt.

Abrechnung nach Raummaß

Öffnungen und Nischen > 0,25 m² werden abgezogen, ebenso einbindende und durchbindende Bauteile > 0,25 m³. Schlitze für Rohrleitungen werden abgezogen, wenn der Querschnitt > 0,1 m² ist. Beim Zusammentreffen zweier gemauerter Wände an Mauerecken wird nur eine Wand durchgerechnet. Ebenso wird bei Wandkreuzungen nur eine Wand durchgerechnet. Bei ungleichen Dicken der Wände die Dickere.

Beispiel 1

Die Abrechnungsmasse in m² 11,5 er Mauerwerk für Trennwände im Erdgeschoß ist zu ermitteln. Die Höhe von OK-Kellerdecke bis OK-Erdgeschossdecke beträgt 2,80 m Die Deckendicke der EG-Decke ist 14 cm. (Bild 4.23).

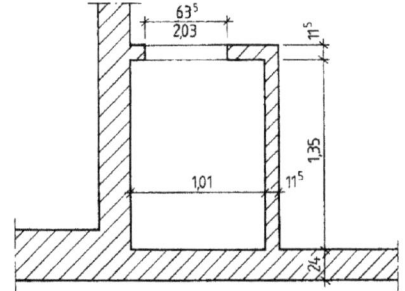

Bild 4.23 Abstellraum

Höhe = 2,80 m − 0,14 m = 2,66 m
Länge = 1,01 m + 0,115 m + 1,35 m = 2,475 m
Öffnung = 0,635 m · 2,03 m = 1,29 m² > 1,00 m²
Abrechnungsmasse = 2,475 m · 2,03 m − 1,29 m² = 5,29 m²

Beispiel 2 Die Abrechnungsmassen in m² für 11,5er und 24er Mauerwerk, Mauerhöhe 2,66 m sind zu ermitteln.

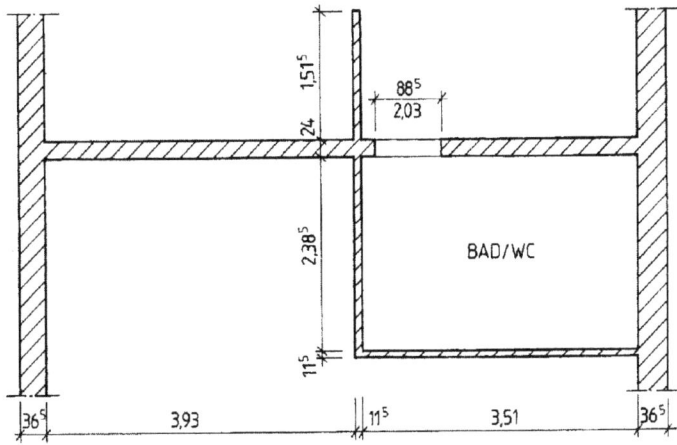

Bild 4.24 Grundriss EG

24er Mauerwerk:

(3,93 + 0,115 + 3,51) m · 2,66 m - 0,885 m · 2,03 m = 18,30 m²

11,5er Mauerwerk:

(3,51 + 0,115 + 2,385 + 1,515) m · 2,66 m = 20,02 m²

Bei der Berechnung von Öffnungsgrößen und Nischen im Mauerwerk, die mit Bögen überdeckt sind, wird die Höhe des Bogens um 1/3 verringert.

Beispiel

Für die Nische in Bild 4-25 mit einer bogenförmigen Überdeckung ist die Öffnungsgröße nach Raummaß und Flächenmaß zu berechnen.

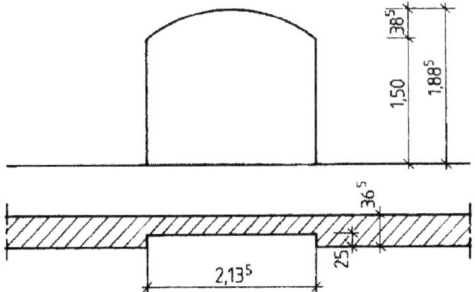

Bild 4-25 Bogenförmige Überdeckung

Das Aufmass der Verblendung erfolgt nach Ansichtsflächen in m². Öffnungen > 1,00 m² werden abgezogen, Leibungstiefen > 13 cm mitgerechnet.

Beispiel Die verblendete Fläche in Bild 4.26 ist zu berechnen. Geschosshöhe 2,8 m.

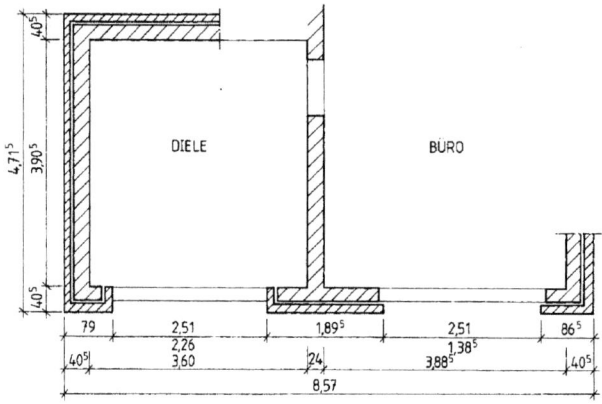

Bild 4.26 Verblendmauerwerk

$$(4{,}715 + 8{,}57)\ \text{m} \cdot 2{,}80\ \text{m} \qquad = 37{,}20\ \text{m}^2$$

Leibungstiefe > 13 cm

$$(0{,}405 + 0{,}405)\ \text{m} \cdot 2{,}26\ \text{m} \qquad = \underline{\ 1{,}83\ \text{m}^2}$$

$$= 39{,}03\ \text{m}^2$$

Abzüge > 1,00 m²

$$2{,}51\text{m} \cdot 2{,}26\ \text{m} + 2{,}51\text{m} \cdot 1{,}385\text{m} = \underline{\ 9{,}15\ \text{m}^2}$$

$$= 29{,}88\ \text{m}^3$$

Aufgaben

7. Berechnen Sie den Stein- und Mörtelbedarf in l für Mauerwerk, 24 cm dick in 2 DF.

   a) 24,12 m², b) 48,18 m², c) 8,06 m², d) 19,12 m².

8. Für die 11,5 cm dicke Zwischenwand in Bild 4-27 ist der Bedarf an Steinen in NF und Mörtel in l zu berechnen.

9. Wie viel Hohlblocksteine 49,5 cm × 30 cm× 23,8 cm und wie viel Liter Mörtel müssen Sie bestellen für Mauerwerk

   a) 4,116 m³,

   b) 8,716 m³,

   c) 21,443 m³

   d) 19,021 m³?

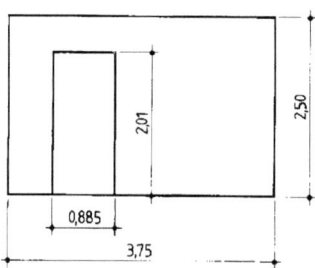

Bild 4.27 Zwischenwand

10. Für den im Schnitt dargestellten Mauerpfeiler in Bild 4.28 ist der Bedarf an Steinen (NF) und Mörtel für eine Pfeilerhöhe von 2,08 m zu ermitteln.

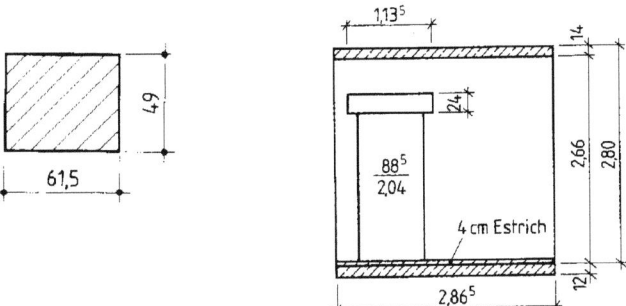

Bild 4.28 Pfeilerquerschnitt (Maße in cm)   Bild 4.29 Innenwand (Maße in m, cm)

11. Für die 24er Innenwand in Bild 4-29 ist a) das Mauerwerk in m² und m³, b) der Bedarf an Steinen in 2DF und c) den Mörtelbedarf zu berechnen

12. Für die Wand in Bild 4.30 sind der Steinbedarf in 2DF und der Mörtelbedarf zu berechnen.

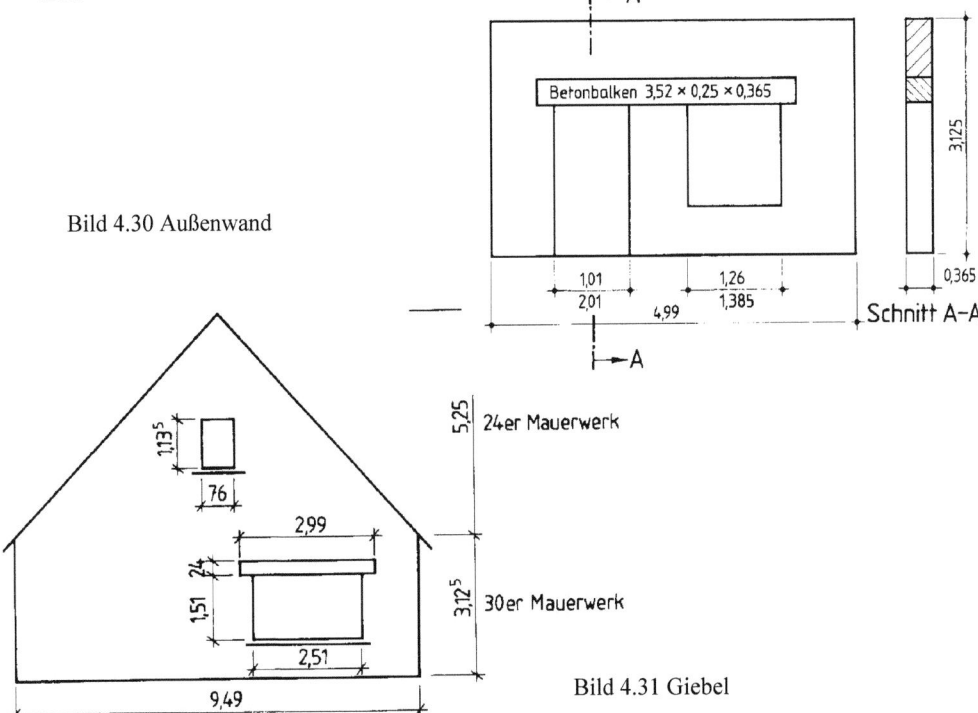

Bild 4.30 Außenwand

Bild 4.31 Giebel

13. Die Giebelwand in Bild 4.31 wird aus Hohlblocksteinen 49 cm × 30 cm × 23,8 cm hergestellt. Berechnen Sie den Bedarf an Steinen für 30er und 24er Mauerwerk (Abrechnung nach Flächenmaß).

4.2.3 Mörtelmischungen

Ist der Gesamtmörtelbedarf ermittelt, so werden, falls kein Fertigmörtel verwendet wird, nun die Mengen an Bindemittel und Zuschlag bestimmt.

Mischungsverhältnisse (MV) für Mörtel werden in Verhältniszahlen angegeben. Eine Mischung von 1 Raumteil (RT) Bindemittel und 4 Raumteilen Sand nennen wir eine Mischung 1: 4. Für die in DIN 1053 und DIN 18550 vorgeschriebenen Mischungsverhältnisse wird der Zuschlag mit 3 % Eigenfeuchte angenommen. Die Anmachwassermenge bleibt beim MV in RT unberücksichtigt.

Mischungsverhältnis 1 : 4

1 Raumteil Bindemittel und 4 Raumteile Sand

Mörtelausbeute und Einmischfaktor. Nach dem Mischen des Bindemittels und des Sandes mit Wasser stellen wir eine Volumenverminderung fest. Beim Anmachen mit Wasser werden die Feinteile des Bindemittels und die feinen Kornteile des Sandes in die Hohlräume zwischen den Zuschlagskörnern geschwemmt. Das Verhältnis des Mörtelvolumens zum Volumen der losen Masse (= 100 %) nennen wir Mörtelausbeute.

$$\text{Mörtelausbeute in \%} = \frac{\text{Mörtelvolumen in } l \cdot 100\,\%}{\text{Volumen lose Masse in } l}$$

Bei baufeuchtem Sand (3 % Wassergehalt) verringert sich das Volumen der Ausgangsstoffe um den Faktor 1,6. Dieser Faktor wird Mörtelfaktor oder Einmischfaktor genannt.

Volumen der Ausgangsstoffe = Mörtelvolumen × 1,6

Für ein bestimmtes Mörtelvolumen wird das 1,6 fache an Ausgangsstoffen benötigt.

Beispiel 1

Bei einer Mischung von Zementmörtel im Mischungsverhältnis 1 :4 mit 300 l baufeuchtem Sand und 75 l Zement ergaben sich 244 l Zementmörtel. Wie groß waren die Mörtelausbeute und der Einmischfaktor?

$$\text{Mörtelausbeute} = \frac{244\,l \cdot 100\,\%}{300\,l + 75\,l} = 65\,\%$$

$$\text{Einmischfaktor} = \frac{300\,l + 75\,l}{244\,l} = 1{,}54$$

Beispiel 2

Welche Mengen an Sand und Zement müssen für 800 l Zementmörtel auf der Baustelle bei einem Einmischfaktor von 1,55 und MV 1 : 4 angeliefert werden?

Volumen = 800 l · 1,55 = 1240 l

MV 1 : 4 bedeutet 1 Raumteil Zement + 4 Raumteile Sand = 5 Raumteile

Volumen eines Raumteils = 1240 l /5 = 248 l

Zementbedarf = 1 RT = 248 l;   Sandbedarf = 4 RT = 992 l

Aufgaben

14. Berechnen Sie wie viel l hydraulischer Kalk und m³ Sand für 2100 l hydraulischen Kalkmörtel 1 : 4 erforderlich sind.

15. In einem Sack Zement sind 25 kg (≈20 Liter). Wie viel m³ Sand werden beim Zementmörtel Mischungsverhältnis 1 : 4 für einen Sack Zement gebraucht?

16. Berechnen Sie den Bedarf an Sand in m³ für 3 Sack Zement a 25 kg, Zementmörtel 1 : 3,5.

17. Für zweilagigen, glatten Kalkzementmörtelputz sind 20 l/m² Mörtel erforderlich. Mischungsverhältnis 2 : 1 : 8 (Luftkalk : Zement : Sand). Berechnen Sie den Bedarf an Kalk, Zement und Sand für eine Putzfläche von 210 m².

18. Um eine 160 m² große, 24 cm dicke Wand aus Vollziegeln herzustellen sind 1024 l Kalkzementmörtel 2 : 1 : 9 nötig. Berechnen Sie den Bedarf an Sand in m³, Zement und Kalk in Liter.

19. In einer Waschküche soll Zementestrich als Gefälleestrich hergestellt werden. 910 l Zementmörtel im Mischungsverhältnis 1 : 3 sind erforderlich. Wie hoch ist der Bedarf an Zement (l) und an Sand (m³)?

20. Wie viel Liter Zement und Sand erfordern 500 l Zementmörtel 1 : 3 bei einer Ausbeute von 70 %?

21. Wie viel Liter lose Masse ergeben 800 l Mörtel bei 67% Ausbeute?

4.2.4 Natursteinmauerwerk

Natursteinmauerwerk wird getrennt nach Mauerung in Gräben, einhäuptigem und mehrhäuptigem Mauerwerk abgerechnet (Bild 4.32).

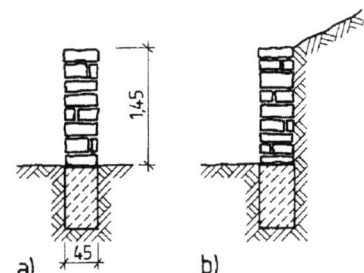

Bild 4-32 Natursteinmauerwerk

    a) einhäuptig

    b) zweihäuptig

Berechnungsgrundlagen:

Volles Mauerwerk, einhäuptig: Steinbedarf 1,25 m³ je m³, Mörtel: 380 l/m³

Volles Mauerwerk, zweihäuptig: Steinbedarf 1,30 m³ je m³, Mörtel: 380 l/m³

Natursteinverblendung wird nach m² abgerechnet.

Schichtenmauerwerk: Steinbedarf je m²: 0,4 m³ + 120 Steine NF, 25 l Mörtel

Verfugen von Natursteinmauerwerk: 14 l/m²

Abzüge bei der Mauerwerksberechnung (DIN 18330/18332)

Nach Flächenmaß: Öffnungen, Aussparungen für Vorlagen > 25 m²

Nach Raummaß: Öffnungen, Nischen > 0,25 m³

                   Durchbindende und eingebaute Bauteile > 0,25 m³

                   Schlitze z. B. für Rohrleitungen, Querschnitt > 0,10 m²

Aufgaben

22. Für die in Bild 4.33 dargestellte, 6,20 m lange Gartenmauer in Natursteinverblendung mit Ziegelhintermauerung ist der Baustoffbedarf zu berechnen. (Anmerkung: Bei Verblendung wird gleichzeitig die Hintermauerung ausgeführt. Der Baustoffbedarf wird als Zulage zum Natursteinmauerwerk gerechnet.)

a) Natursteinverblendung in m²

b) Naturstein für die Verblendung in m³

c) Zementmörtel 1:3 in 1

d) Mörtel für das Verfugen in 1

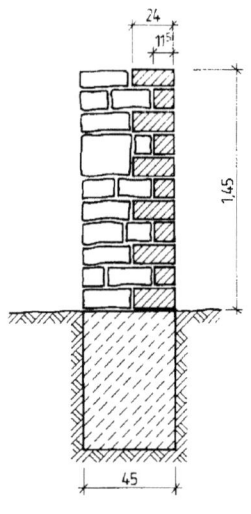

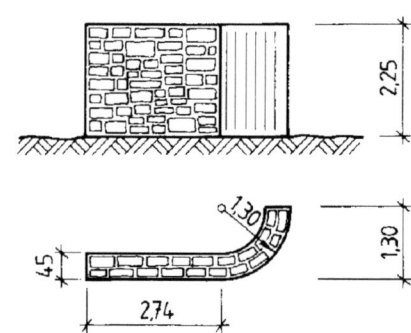

Bild 4.33 Bruchsteinverblendung   Bild 4.34 Einfriedungsmauer

23. Für die Einfriedungsmauer in Bild 4.34 sind zu berechnen der Rauminhalt des Mauerwerks in m³, der Bedarf an Natursteinen in m³ und der Bedarf an Zementmörtel in Liter.

24. Der Durchgang zwischen zwei Wohnhäusern (Bild 4.35) wurde durch eine Natursteinwand von 50 cm Stärke geschlossen. Berechnen Sie a) das Mauerwerksvolumen in m³', b) den Bedarf an Natursteinen in m³, c) den Bedarf an Mauermörtel in 1, d) den Bedarf an Fugenmörtel in Liter einschließlich Leibungen.

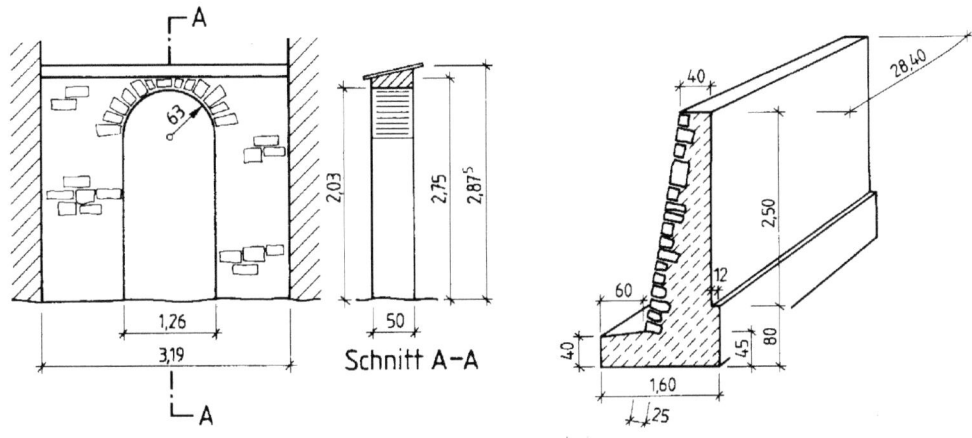

Bild 4.35 Durchgang   Bild 4.36 Stützmauer

25. Die Stützmauer in Bild 4.36 aus Beton wurde mit Naturstein verblendet. Berechnen Sie

a) die m² Verblendung in m³, b) den Steinbedarf in m³.

4.2.5 Mauerbögen

Überdeckungen von Fenster- und Türöffnungen werden in der Praxis mit Stahlträgern, Stahlbetonbalken, Holzbalken und Mauerbögen ausgeführt. Die Überdeckungen haben die Aufgabe, die darüber liegenden Wand- und Deckenlasten auf das angrenzende Mauerwerk zu übertragen. Üblich sind heute der scheitrechte Bogen, der Segmentbogen und der Rundbogen (Bild 4.37).

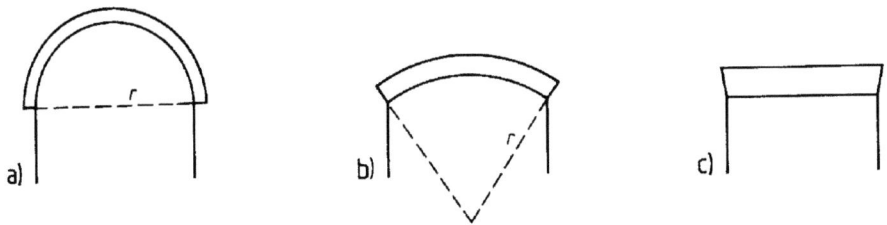

Bild 4.37 Bogenformen a) Rundbogen, b) Flach- oder Segmentbogen, c) scheitrechter Bogen

Die senkrecht auf den Bogen wirkenden Lasten werden in Richtung der Stützlinie im Bogen bis in die Widerlager abgeleitet. Hier tritt die horizontale Schubkraft F_H und die vertikale Druckkraft F_v auf. Die horizontale Schubkraft wird umso größer, je flacher der Bogen konstruiert ist. Die Widerlager sind also so zu bemessen, dass ein Wegdrücken ausgeschlossen ist (Bild 4.38).

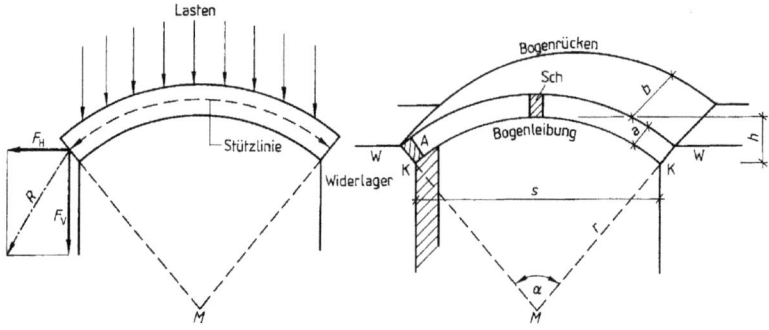

Bild 4.38 Kräfte im Bogen   Bild 4.39 Bogenteile

Bezeichnungen der Bogenteile am Segmentbogen (Bild 4.39)

W	Widerlager	Sch	Schlussstein
K	Kämpferpunkt	A	Anfangsstein
S	Spannweite	H	Stich oder Bogenhöhe
D	Bogendicke	B	Bogentiefe

Bögen werden meist aus kleinformatigen Steinen mit keilförmigen Lagerfugen gemauert. Die Dicke der Fugen darf hierbei an der Bogenleibung nicht geringer als 5 mm und am Bogenrücken nicht mehr als 2 cm betragen. Bei breiteren Fugen sind Keilsteine zu verwenden. Mauerbögen erhalten grundsätzlich eine ungerade Anzahl von Schichten. Im Scheitel des Bogens liegt der Schlussstein.

Die Schichtenzahl wird wie beim beidseitig angebauten Mauerwerk berechnet.

$$\text{Schichtenzahl } n = \frac{\text{Länge der Bogenleibung } b_1 - \text{Mindestfugendicke } b_1 - 0,5 \,\text{cm}}{\text{Steinhöhe hs} + \text{Mindestfugendicke}} = \frac{b_1 - 0,5 \,\text{cm}}{hs + 0,5 \,\text{cm}}$$

$$\text{Fugendicke } t = \frac{\text{Länge der Bogenleibung } b_1 - \text{Summe der Steinhöhen hs}}{\text{Anzahl der Fugen}} = \frac{b_1 - n \cdot hs}{n + 1}$$

Beispiel

Berechnen Sie die Schichtenzahl n für eine Länge der Bogenleibung von 1,63 m, Steine in NF.

$$n = \frac{163 \,\text{cm} - 0,5 \,\text{cm}}{7,1 \,\text{cm} + 0,5 \,\text{cm}} = \frac{162,5 \,\text{cm}}{7,6 \,\text{cm}} = 21 \,\text{Schichten}$$

Rest wird auf die Fugen verteilt.

$$t = \frac{163 \,\text{cm} - 21 \cdot 7,1 \,\text{cm}}{22} = 0,63 \,\text{cm}$$

Es bleibt zu prüfen, ob bei der berechneten Fugenbreite die zulässige Breite der Fuge am Bogenrücken nicht überschritten wird.

Die am Flachbogen auftretenden Größen r, s, und h (Bild 4.40) sind über den Satz des Pythagoras miteinander verbunden:

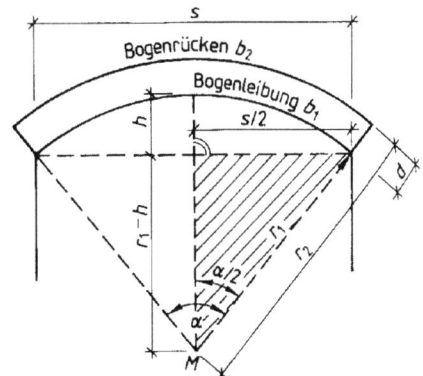

$$\left(\frac{s}{2}\right)^2 + \left(r_1 - h\right)^2 = r_1^2$$

Auflösen der Formel nach r_1 bzw. h ergibt:

$$r_1 = \frac{h}{2} + \frac{s^2}{8 \cdot h}$$

$$h = r_1 - \sqrt{r_1^2 - \frac{s^2}{4}}$$

Bild 4.40 Größen am Flachbogen

Der Mittelpunktswinkel α lässt sich mit Hilfe von s und r_1 berechnen. Der Sinus eines Winkels ist das Verhältnis von der dem Winkel gegenüberliegenden Kathete (Gegenkathete) zur längsten Seite im rechtwinkligem Dreieck (Hypotenuse).

$$\sin\left(\frac{\alpha}{2}\right) = \frac{\text{Gegenkathete}}{\text{Hypotenuse}} = \frac{\frac{s}{2}}{r_1}$$

Aus dem Sinus kann mit Hilfe des Taschenrechners die Größe des Winkels in grad bestimmt werden.

Beispiel

Für einen Segrnentbogen mit der Spannweite s = 1,76 m und der Stichhöhe s/10 ist die vollständige Berechnung durchzuführen. Bogendicke 24 cm, Steine in NF

Berechnung des Stichs h = s/ 10 = 17,6 cm

$$\text{Radius der Bogenleibung } r_1 = \frac{h}{2} + \frac{s^2}{8 \cdot h} = \frac{176\,\text{cm}}{2} + \frac{(176\,\text{cm})^2}{8 \cdot 176\,\text{cm}} = 228,8\,\text{cm}$$

Radius des Bogenrückens r_2 = 228,8 cm + 24 cm = 252,8 cm

$$\text{Mittelpunktswinkel } \sin\left(\frac{\alpha}{2}\right) = \frac{\frac{s}{2}}{r_1} = \frac{88\,\text{cm}}{228,8\,\text{cm}} = 0,3846 \qquad \frac{\alpha}{2} = 22,62^0 \qquad \alpha = 45,24^0$$

$$\text{Länge der Bogenleibung } b_1 = 2 \cdot r_1 \cdot \pi \frac{\alpha}{360^0} = 2 \cdot 228,8\,\text{cm} \cdot \pi \frac{45,24^0}{360^0} = 180,7\,\text{cm}$$

Länge des Bogenrückens $\quad b_2 = 2 \cdot r_2 \cdot \pi \dfrac{\alpha}{360^0} = 2 \cdot 252{,}8\,\text{cm} \cdot \pi \dfrac{45{,}24^0}{360^0} = 199{,}6\,\text{cm}$

Anzahl der Schichten

$$n = \frac{b_1 - n \cdot h_s}{7{,}1\,\text{cm} + 0{,}5\,\text{cm}} = \frac{180{,}7\,\text{cm} - 0{,}5\,\text{cm}}{7{,}1\,\text{cm} + 0{,}5\,\text{cm}} = 23{,}71 = 23\,\text{Schichten}$$

Fugendicken

$$t_1 = \frac{b_1 - n \cdot h_s}{n - 1} = \frac{180{,}7\,\text{cm} - 23 \cdot 7{,}1\,\text{cm}}{24} = 0{,}725\,\text{cm} > 0{,}5\,\text{cm}$$

$$t_2 = \frac{199{,}6\,\text{cm} - 23 \cdot 7{,}1\,\text{cm}}{24} = 1{,}513\,\text{cm} < 2{,}0\,\text{cm}$$

Aufgaben

26. Für einen Segmentbogen mit der Spannweite s ist der Bogenradius zu berechnen. Ergebnisse auf zwei Stellen nach dem Komma runden.

    a) $s = 1{,}35$ m; $h = 1/10\ s$; b) $s = 1{,}51$ m; $h = 1/8\ s$; c) $s = 1{,}885$ m; $h = 1/12\ s$

27. Wie groß sind bei einem Flachbogen die Spannweite s in m und die Stichhöhe h in cm, wenn die Radien und Mittelpunktswinkel die folgenden Maße haben?

    a) $r = 2{,}35$ m; $\alpha = 70^0$;   b) $r = 1{,}64$ m; $\alpha = 82^0$;   c) $r = 1{,}365$ m; $\alpha = 62^0$;

28. Berechnen Sie die Länge der Bogenleibung und des Bogenrückens in Bild 4.41 in m.

    a) $s = 2{,}51$ m, $h = 1/10\ s$

    b) $s = 2{,}76$ m, $h = 1/8\ s$

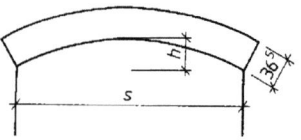

Bild 4.41 Segmentbogen

29. Berechnen Sie die Längen der Bogenleibung b_i und des Bogenrückens b_2 für die folgenden Rundbogen (Bild 4.42): a) $s = 1{,}51$ m, $d = 24$ cm; b) $s = 2{,}26$ m, $d = 36{,}5$ cm

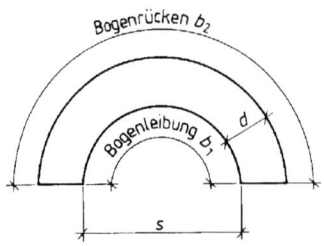

Bild 4.42 Rundbogen

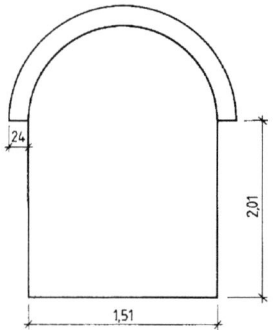

Bild 4.43 Torbogen

30. Eine Türöffnung mit 1,51 m lichter Weite soll mit einem Rundbogen überdeckt werden. Steine in NF (Bild 4.43). Berechnen Sie a) die Länge der Bogenleibung und des Bogenrückens, b) die Schichtenzahl, c) die Fugendicken t_1 und t_2.

4.3 Auflagerkräfte

4.3.1 Hebel und Drehmoment

Das Anheben oder Bewegen einer Last erleichtern wir uns durch die Anwendung eines Hebels (z. B. einer Brechstange). Je nach der Lage des Drehpunktes unterscheiden wir zwischen einarmigen oder zweiarmigen Hebeln.

Beim einarmigen Hebel liegt der Drehpunkt am Ende des Hebels (Bild 4.44 links).

Beim zweiarmigen Hebel befindet sich der Drehpunkt zwischen der Last und der angreifenden Kraft (Bild 4.44 rechts).

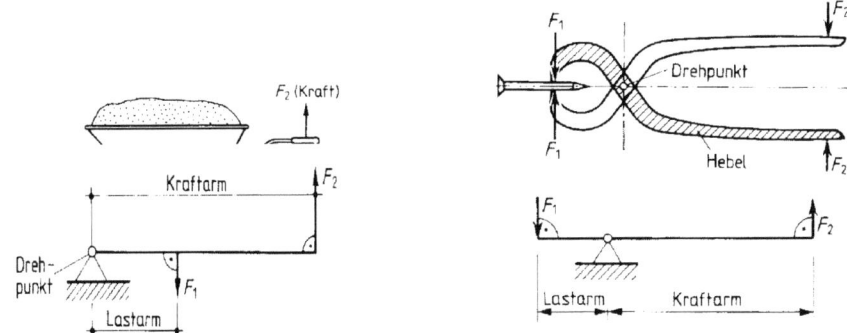

Bild 4.44 Einarmiger Hebel und zweiarmiger Hebel

Lastarm und Kraftarm sind dabei der senkrechte Abstand der Last bzw. der Kraft vom Drehpunkt.

Drehmoment. Bei beiden Hebelarmen üben eine Kraft oder mehrere Kräfte je nach Größe und Abstand ihrer Angriffspunkte vom Drehpunkt eine Drehwirkung aus, die als Drehmoment bezeichnet wird.

Drehmoment = Kraft · Hebelarmlänge

$$M \, [kNm] = F \, [kN] \cdot l \, [m]$$

Beispiel

Wie groß ist das Drehmoment in kNm, das mit einem Schraubenschlüssel auf die Sechskantschraube wirkt (Bild 4.45)?

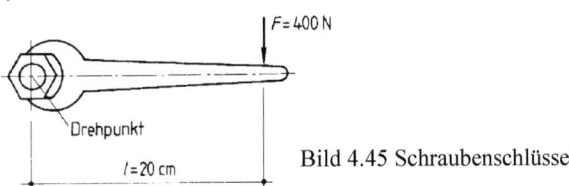

Bild 4.45 Schraubenschlüssel

Vom Drehpunkt aus gesehen ist die Wirkung eines Moments rechts- oder linksdrehend. Am Hebel herrscht dann Gleichgewicht, wenn die Summe aller Momente am Drehpunkt gleich Null ist. Diese Erkenntnis wird als Hebelgesetz bezeichnet. Wirkt nur ein rechtsdrehendes und ein linksdrehendes Moment, so kann man das Hebelgesetz auch formulieren als:

Kraft · Kraftarm = Last ·Lastarm

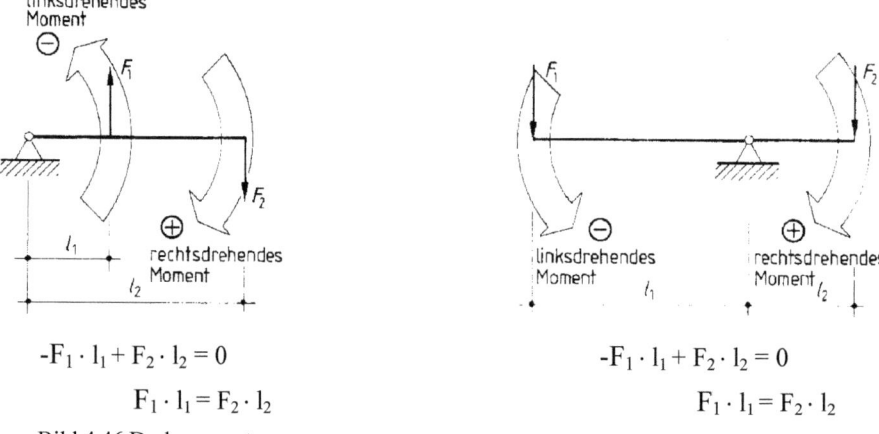

$$-F_1 \cdot l_1 + F_2 \cdot l_2 = 0$$
$$F_1 \cdot l_1 = F_2 \cdot l_2$$

$$-F_1 \cdot l_1 + F_2 \cdot l_2 = 0$$
$$F_1 \cdot l_1 = F_2 \cdot l_2$$

Bild 4.46 Drehmomente

Hebelgesetz $\Sigma M = 0$

Zur Unterscheidung der Momente wenden wir eine Vorzeichenregel an: Die rechtsdrehenden (im Uhrzeigersinn drehenden) Momente erhalten ein positives Vorzeichen (+), die linksdrehenden ein negatives (-).

Beispiel 1

Der Lastkraftwagen in Bild 4.47 hat eine Ladung Kies abzukippen. Die Last F_2, die vom Kies und von der Ladebrücke ausgeht, beträgt 108 kN. Wie groß ist die Kraft F_1, wenn die Ladebrücke gehoben werden soll?

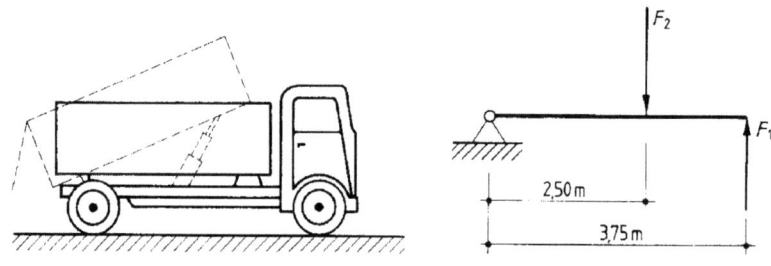

Bild 4.47 Lastkraftwagen

$$108\,kN \cdot 2{,}50\,m - F_1 \cdot 3{,}75\,m = 0$$
$$F_1 \cdot 3{,}75\,m = 108\,kN \cdot 2{,}50\,m$$
$$F_1 = \frac{108\,kN \cdot 2{,}50\,m}{3{,}75} = 72\,kN$$

Beispiel 2

Wie groß ist die Kraft F_2 des Spatens in Bild 4.48 bei Ausschachtungsarbeiten, wenn die Handkraft $F_1 = 0{,}20\,kN$ beträgt?

Bild 4.48 Spaten

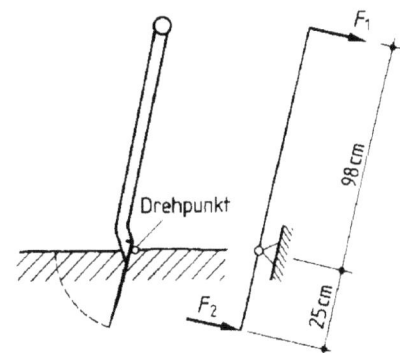

$$F_2 \cdot 0{,}25\,m = 0{,}20\,kN \cdot 0{,}98\,m$$
$$F_2 = \frac{0{,}20\,kN \cdot 0{,}98\,m}{0{,}25\,m} = 0{,}78\,kN$$

Aufgaben

1. Bei einer betonierten Wand kann die Sechskantschraube des Schalungsschlosses mit einem Kraftmoment von 48 Nm gelöst werden. Wie groß ist die dazu notwendige Handkraft in N bei einem Schraubenschlüssel mit dem wirksamen Hebelarm von 220 mm?

2. Wie groß ist die Handkraft in kN; um die Schubkarre in Bild 4.49 anzuheben? Die Gewichtskraft F_1 beträgt 1,2 kN.

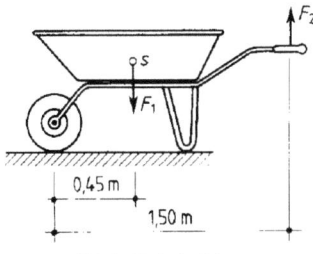

Bild 4.49 Schubkarre

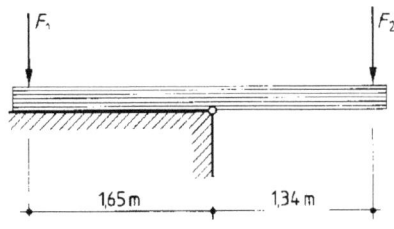

Bild 4.50 Auslegergerüst

3. Mit welcher Gewichtskraft F_2 in kN kann der Balken des Auslegergerüstes in Bild 4.50 belastet werden, wenn die Befestigungskraft F_1 5,4 kN beträgt?

4. Um einen Nagel mit der Beißzange abkneifen zu können, ist an der Trennstelle eine Kraft von 1,4 kN erforderlich. Welche Kraft wirkt an den Griffen der Beißzange bei einem Hebelarm von 16 cm?

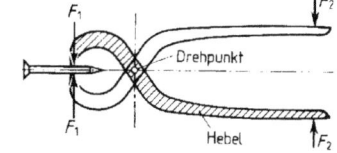

Bild 4.51 Beißzange

5. Welche Kaft wird auf den Nagel in Bild 4.52 ausgeübt, wenn am Nageleisen mit 160 N gedrückt wird?

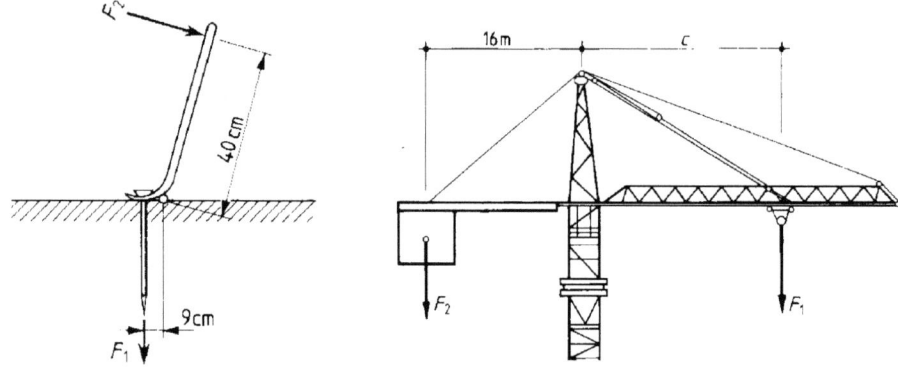

Bild 4.52 Nageleisen   Bild 4.53 Turmdrehkran

6. Der Ballast F_2 beim Turmdrehkran in Bild 4.53 beträgt 70 kN. Wie groß ist die Last F_1, die der Kran bei einer Auslegerlänge von 30 m höchstens heben kann?

7. Welche Gewichtskräfte F_1 in kN können die Ladungen des Lkw in Bild 4.54 maximal haben, wenn die Kräfte F_2 der Hebelhydraulik für die Ladebrücke 70 kN betragen?

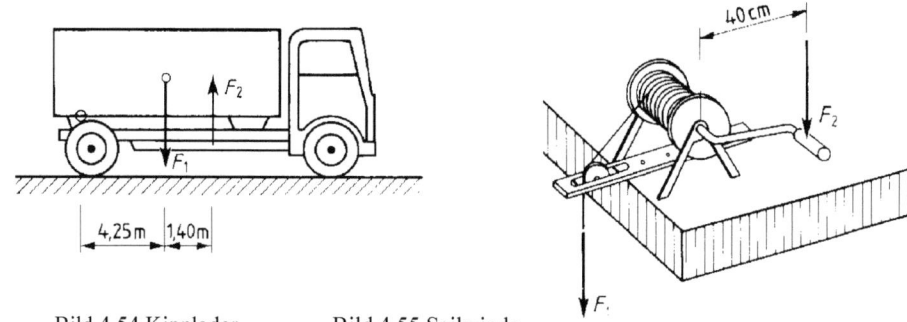

Bild 4.54 Kipplader   Bild 4.55 Seilwinde

8. Mit der Seilwinde in Bild 4.55 soll eine Last von 1,45 kN gehoben werden. Die Seilwinde hat einen Durchmesser von 36 cm. Wie groß muss die Handkraft F_2 in N sein?

9. Mit welcher Handkraft F_1 in N kann der Natursteinblock in Bild 4.56 angehoben werden, der eine Gewichtskraft von 51 kN hat?

Bild 4.56 Natursteinblock

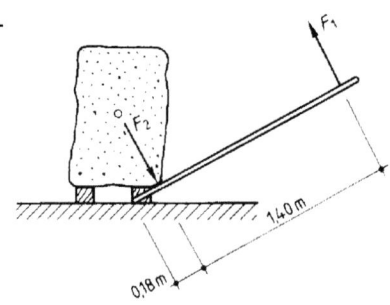

4.3.2 Auflagerarten

Zum Berechnen eines Bauteils (z. B. einer Stahlbetondecke) müssen die an diesem Bauteil angreifenden Lasten bekannt sein. Wir unterscheiden ständig wirkende Lasten (Eigenlasten) und Verkehrslasten (z. B. Schnee, Fahrzeuge, Wind Möbel, Menschen). Aus beiden ergibt sich die Gesamtbelastung eines Bauteils.

Die Summe der gleichmäßig verteilten Lasten bezeichnen wir mit q.

Die einzelnen Bauteile eines Bauwerks übertragen die Gesamtlasten in den Baugrund. Die Decken übertragen die Lasten über Deckenauflager ins Mauerwerk. Bei den angreifenden Lasten unterscheiden wir horizontale Kräfte, vertikale Kräfte und Momente.

Die Auflager können wir wie folgt gliedern:

Bewegliches Auflager   Nur vertikale Kräfte werden aufgenommen

Festes Auflager   Vertikale und horizontale Kräfte werden aufgenommen

Eingespanntes Auflager   Vertikale, horizontale Kräfte und Momente

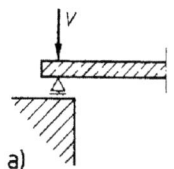 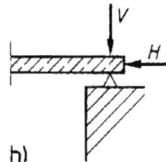 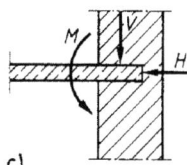

Bild 4.57 Auflagerarten

       a) bewegliches Lager b) festes Lager, c) eingespanntes Lager

Soll ein Bauteil die Lasten aufnehmen und weiterleiten, müssen die Auflager so groß sein, dass sie die Lasten im Gleichgewicht halten. Dazu müssen die Gleichgewichtsbedingungen eingehalten werden:

Summe aller Vertikalkräfte = 0 $\Sigma V = 0$

Summe aller Horizontalkräfte = 0 $\Sigma H = 0$

Summe aller Momente = 0 $\Sigma M = 0$

4.3.3 Auflagerkräfte bei Trägern auf zwei Stützen

Beim Berechnen der Auflagerkräfte eines Trägers auf zwei Stützen (Bild 4.58) wird der Träger als Hebel angenommen.

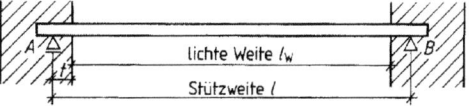

Bild 4.58 Träger auf zwei Stützen

Den Drehpunkt wählt man wechselseitig im Auflager A und B.

Beispiel

Für den Stahlträger mit zwei Einzellasten sind die Auflagerkräfte A und B zu ermitteln (Bild 4.59). Das Eigengewicht des Trägers bleibt hier unberücksichtigt.

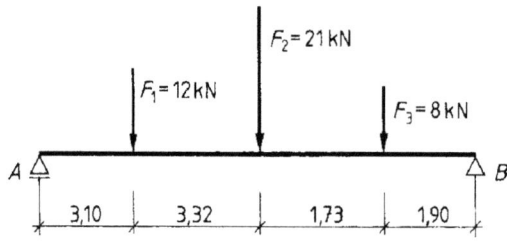

Bild 4.59 Einfeldträger mit drei Einzellasten

Berechnung der Auflagekraft in B

Dazu wird der Drehpunkt des Hebels in A angenommen. Die drei von oben wirkenden Kräfte sind rechtsdrehend. Das Auflager B wirkt linksdrehend.

Drehpunkt in A

$$F_1 \cdot l_1 + F_2 \cdot l_2 + F_3 \cdot l_3 = B \cdot l$$

$$B = \frac{F_1 \cdot l_1 + F_2 \cdot l_2 + F_3 \cdot l_3}{l}$$

$$B = \frac{12\,kN \cdot 3{,}10\,m + 21\,kN \cdot 6{,}42\,m + 8\,kN \cdot 8{,}15\,m}{10{,}05\,m} = 23{,}60\,kN$$

Berechnung der Auflagekraft in A

Drehpunkt in B

$$F_1 \cdot l'_1 + F_2 \cdot l'_2 + F_3 \cdot l'_3 = A \cdot l$$

$$A = \frac{F_1 \cdot l'_1 + F_2 \cdot l'_2 + F_3 \cdot l'_3}{l}$$

$$A = \frac{12\,kN \cdot 6{,}95\,m + 21\,kN \cdot 3{,}63\,m + 8\,kN \cdot 1{,}90\,m}{10{,}05\,m} = 17{,}40\,kN$$

Zur Kontrolle der Rechnung können wir eine Probe machen:

Es muss gelten:

$$A + B = F_1 + F_2 + F_3$$

$$17{,}40\,kN + 23{,}60\,kN + = 12\,kN + 21\,kN + 8\,kN$$

$$41\,kN = 41\,kN$$

Aufgaben

10. Beim Einfeldträger in Bild 4.60 sind die Kraft F= 24 kN und die Auflagerkraft A= 12 kN bekannt. Berechnen Sie
    a) den Angriffspunkt der Kraft F vom Auflager A aus.
    b) das Auflager B.
    c) Das Maß 3 soll ein Drittel der Stützweite 12,10 m betragen. Berechnen Sie die Auflager A und B.

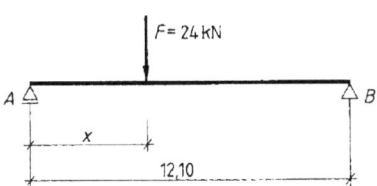

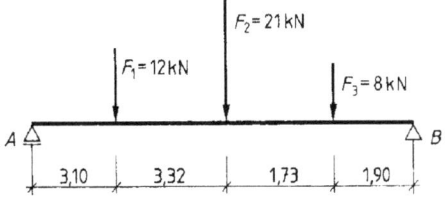

Bild 4.60 Träger auf zwei Stützen mit Einzellast (Maße in m)   Bild 4.61 Einfeldträger (Maße in m)

11. Auf einen Stahlträger wirken drei Einzellasten (Bild 4.61). Berechnen Sie die Auflagerkräfte A und B.

12. Der Einfeldträger in Bild 4.62 ist mit der Kraft F= 12 kN unter 45° belastet.
    a) Wie groß sind die Vertikalkraft F_V und die Horizontalkraft F_H?
    b) Wie groß ist die horizontale Auflagerkraft und welches Auflager nimmt diese Kraft auf?

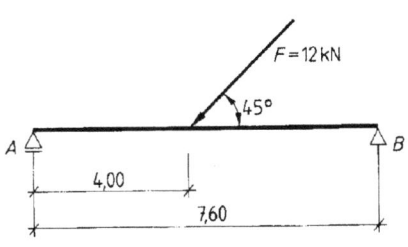

Bild 4.62 Träger mit Schräglast

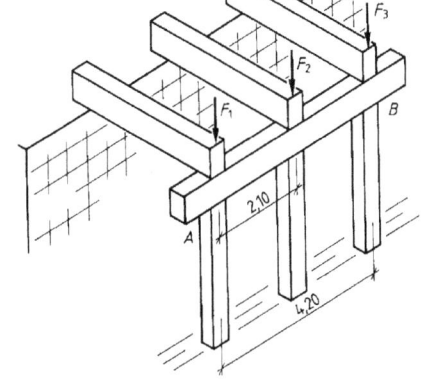

Bild 4.63 Pergola

13. Berechnen Sie für die Pergola (Bild 4.63) die Auflagerkräfte A und B.

14. Berechnen Sie zum Einfeldträger in Bild 4.64 die Auflagerkräfte A und B.

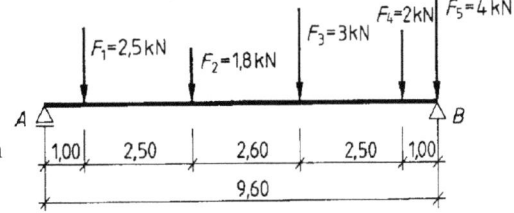

Bild 4.64 Einfeldträger mit fünf Einzellasten

132

15. Der Stahlträger in Bild 4.65 ist mit einer vertikalen Einzellast F2 und einer Einzellast F1 unter 60° Neigung gegen die Trägerachse belastet. Berechnen Sie

a) die Summe aller Vertikalkräfte F_V
b) die Auflagerkräfte in A und B
c) die vom Auflager B aufzunehmende Horizontalkraft

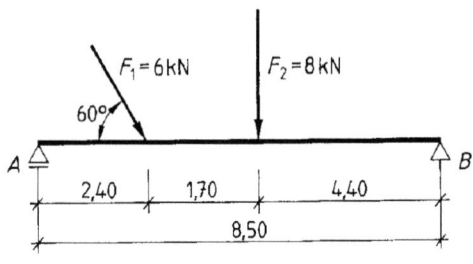

Bild 4.65 Einfeldträger mit vertikaler und schräger Last

4.3.4 Auflagerkräfte bei Einfeldträgern mit Kragarm

Beim Berechnen eines Trägers auf zwei Stützen mit Kragarm wird für die Ermittelung der Auflagerkraft der Träger als zweiseitiger Hebel angenommen, wobei der Drehpunkt am Anfang des Kragarms liegt.

Beispiel

Die Auflagerkräfte für den Träger auf zwei Stützen mit Kragarm sind zu berechnen. Der Träger ist mit Einzellasten belastet.

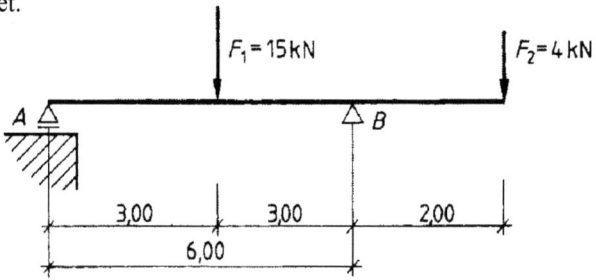

Bild 4.66 Träger auf zwei Stützen mit rechtem Kragarm

Berechnung der Auflagekraft in B

    Drehpunkt in A

$$15\,kN \cdot 3,00\,m + 4\,kN \cdot (6,00 + 2,00)\,m = B \cdot 6\,m$$

$$B = \frac{45\,kNm + 32\,kNm}{6,00\,m} = 12,83\,kN$$

Berechnung der Auflagekraft in A

    Drehpunkt in B

$$15kN \cdot 3,00m - 4\,kN \cdot 2,00\,m = A \cdot 6,00\,m$$

$$A = \frac{45\,kNm - 8,00\,kN\,m}{6,00\,m} = 6,17\,kN$$

Probe

15 kN + 4 kN = 12,83 kN + 6,17 kN

19 kN = 19 kN

Aufgaben

16. Berechnen Sie die Auflagerkräfte in A und B für den Stahlträger in Bild 4.67.

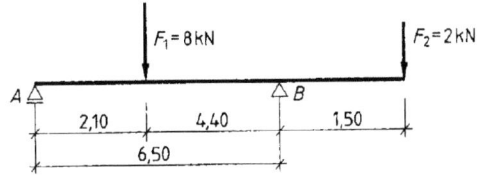 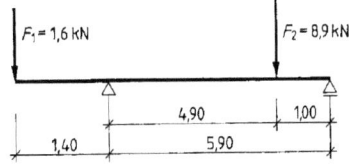

Bild 4.67 Einfeldträger mit rechtem Kragarm   Bild 4.68 Einfeldträger mit linkem Kragarm

17. Für den Träger auf zwei Stützen mit linkem Kragarm in Bild 4.68 sind die Auflagerkräfte A und B zu ermitteln.

Beim Berechnen eines Trägers mit gleichmäßiger Last q können wir die Auflagerkräfte durch eine einfache Überlegung bestimmen:

Jedes Auflager hat die gleiche Last zu tragen.

Beispiel

Berechnen Sie die Auflagerkräfte in Bild 4.60. Die Länge l betrage 5,00 m.

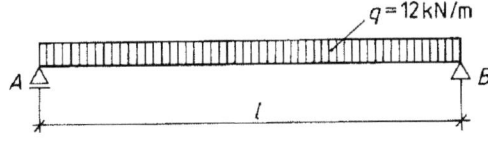

Bild 4.69 Gleichmäßig verteilte Last

F = q · l = 12 kN/m · 5 m = 60 kN

A = B = F/2 = 30 kN

Bei Trägern mit gemischter Belastung werden die ungleichmäßigen Anteile wie oben berechnet und der gleichmäßige Anteil auf die beiden Auflager aufgeteilt und addiert.

Beispiel

Berechnen Sie die Auflagerkräfte A und B für den Träger in Bild 4.70.

134

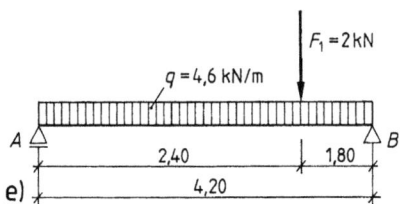

Bild 4.70 Träger mit gemischter Belastung

Wir berechnen die Verteilung der Kraft F_1 auf die Auflager.

Berechnung der Auflagekraft in B'

    Drehpunkt in A

    $2\,kN \cdot 2,40\,m = B' \cdot 4,20\,m$

    $B' = \dfrac{4,80\,kNm}{4,20\,m} = 1,14\,kN$

Berechnung der Auflagekraft in A'

    Drehpunkt in B

    $2\,kN \cdot 1,80m = A' \cdot 4,20m$

    $A' = \dfrac{3,60\,kNm}{4,20\,m} = 0,86\,kN$

Die gleichmäßig verteilte Last q rechnen wir in die Kraft F_2 um:

    $F_2 = q \cdot l = 4,6\,kNm \cdot 4,20\,m = 19,32\,kN.$

    $F_2/2 = 9,66\,kN$

    $A = A' + F_2/2 = 0,86\,kN + 9,66\,kN = 10,52\,kN$

    $B = B' + F_2/2 = 1,14\,kN + 9,66\,kN = 10,80\,kN$

    Probe

    $1,14\,kN + 0,86\,kN + 19,32\,kN = 10,52\,kN + 10,80\,kN$

    $21,32\,kN = 21,32\,kN$

Aufgabe

18. Berechnen Sie die Auflagerkräfte zu den Bilden 4.71a und b.

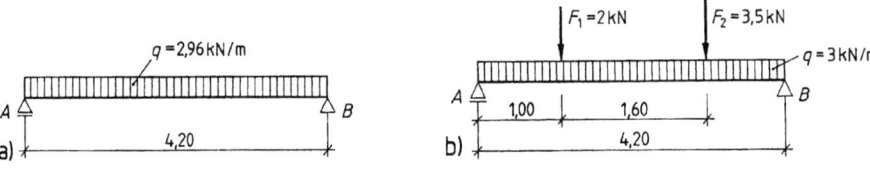

Bild 4.71 Einfeldträger mit wechselnden Lasten

4.3.5 Druckfestigkeit von Trägerauflagern

Die Auflagerkräfte erzeugen in den Auflagern Druckspannungen. Diese Druckspannungen müssen immer kleiner sein als die zulässigen Druckspannungen des Materials aus dem die Auflager hergestellt sind (Vgl. Kapitel 3.5.3).

Beispiel

Als Sturz über einem Durchgang wird ein H 240-Träger eingebaut und auf Mauerwerk aus Vollziegeln Steinfestigkeitsklasse aufgelegt. Wie groß ist die erforderliche Auflagerfläche?

δ_{zul} für Mauerwerk 6 in Mörtelgruppe II = 0,9 MN/m².

$$A_{erf} = \frac{F}{\delta_{zul}} = \frac{0,22\,MN}{0,9\,MN/m^2} = 0,024\,m^2$$

Die Breite der Auflagerfläche ist durch die Flanschbreite des H 240 mit 10,6 cm festgelegt.

$$\text{Auflagerlänge}\ l = \frac{A_{erf}}{b} = \frac{0,024\,m^2}{0,106\,m} = 0,226\,m \approx 240\,mm$$

Aufgaben

19. Der Deckenbalken in Bild 4.72 ist beidseitig auf Mauerwerk aufgelegt. Das Mauerwerk besteht aus Hochlochziegeln mit einer zulässigen Druckspannung von 0,9 MN/m². Berechnen Sie die Auflagerlänge l.

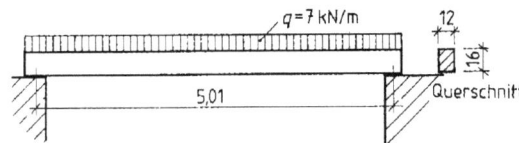

Bild 4.72 Deckenbalken   Bild 4.73 Balkenauflager

20. Wie groß ist die Auflagerkraft in Bild 4.73, die aufgenommen werden kann, wenn die Auflagerlänge 20 cm und die zulässige Druckspannung des Mauerwerks 1,0 N/mm² beträgt?

4.6.3 Knickspannung

Stützen und Wände können, wenn sie durch Druck belastet werden, je nach Baustoff, Querschnittsform und Knickhöhe h_K seitlich ausweichen; d. h. sie knicken bei Überschreiten der zulässigen Belastung. Das Verhältnis von Knicklänge h_k zur kleinsten Querschnittsbreite min d bezeichnen wir als Schlankheit λ (lambda).

$$\lambda = \frac{h_K}{min\,d}$$

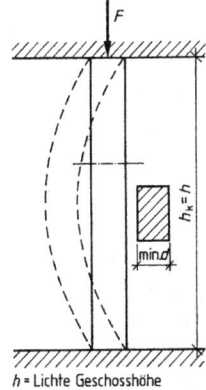

Bild 4.74 Knicklänge

Die Knicklänge ist eine rechnerische Größe. Für zweiseitig gehaltene Wände gilt:

Knickhöhe $\qquad h_K = h_s$, wobei h_s die lichte Geschosshöhe ist.

Sind Wände durch flächig gelagerte Decken eingespannt, so darf die Knickhöhe abgemindert werden:

$\qquad h_K = \beta \cdot h_s,$ wobei ß der Tabelle 7 im Anhang entnommen werden kann.

Die zulässige Grundspannung δ_0 (Tabelle 6) wird durch den Faktor k abgemindert:

$\qquad$ zul $\delta_D = \delta_0 \cdot k$

$\qquad k = k_1 \cdot k_2$ für Wände als **Zwischenauflager** der Massivdecke

$\qquad k = k_1 \cdot k_2$ oder $k = k_1 \cdot k_3$ für Wände als **Endauflager** der Massivdecke
$\qquad\qquad\qquad\qquad\qquad$ (Der kleiner der beiden Werte ist maßgebend.)

$\qquad k_1 = 1{,}0$ für Wände

$\qquad k_1 = 0{,}8$ für Pfeiler mit A < 0,10 m² (A < 0,04 m² ist unzulässig.)

Für Schlankheiten $\lambda > 10$ werden die zulässigen Druckspannungen mit Hilfe von k_2 gemindert:

$\qquad k_2 = 1{,}0$ für Schlankheiten $\lambda \le 10$

$$k_2 = \frac{25 - \lambda}{15} \text{ für } 10 < \lambda < 25$$

$\qquad k_3 = 1{,}0$ bei Spannweiten der Massivdecken $l \le 4{,}20$ m

$$k_3 = 1{,}7 - \frac{l}{6} \text{ für Spannweite der Decke } 4{,}20 \text{ m} < l < 6{,}0 \text{ m}$$

Beispiel

Berechnen Sie Last (einschließlich Eigenlast), die der Pfeiler in Bild 4-75 aufnehmen kann bei $\delta_0 = 0{,}8 \text{MN/m}^2$.

$$h_K = h_s = 3{,}50 \text{ m}$$

$$\lambda = \frac{h_k}{\min d} = \frac{3{,}50 \text{ m}}{0{,}25 \text{ m}} = 14$$

$$k_2 = \frac{25 - 14}{15} = 0{,}73$$

$$\text{zul } \delta_D = k \cdot \delta_0 = k_1 \cdot k_2 \cdot \delta_0 = 1 \cdot 0{,}73 \cdot 0{,}80 \text{ MN/m}^2 = 0{,}58 \text{ MN/m}^2$$

$$F = \delta_D \cdot A = 0{,}58 \text{ MN/m}^2 \cdot 0{,}25 \text{ m} \cdot 0{,}36{,}5\text{m} = 0{,}0529 \text{ MN}$$

$$F = 52{,}9 \text{ kN}$$

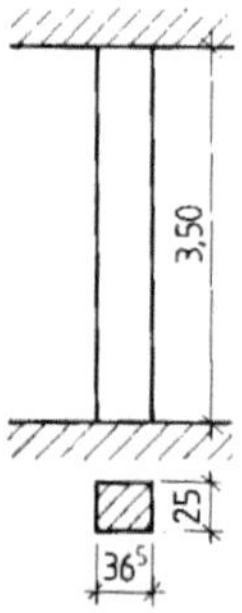

Bild 4.75 Pfeiler

Aufgabe

21. Berechnen Sie die Schlankheit und die zulässige Belastung für folgenden Mauerpfeiler aus Vollziegel Mz 20 MGr III, der als Zwischenauflager dient:

a) $h_k = 3{,}85$m; A = 24 cm $\cdot$ 36,5 cm; b) $h_k = 2{,}50$ m; A = 61,5 cm $\cdot$ 36,5 cm

5. Wärme und Wärmeschutz

5.1 Wärmedehnung

Wärme ist eine spezielle Energieform. Wärmeenergie ist die Bewegungsenergie der Moleküle. Durch die Erwärmung erhöht sich die Bewegungsenergie der Moleküle. In Gasen und Flüssigkeiten findet eine ungeordnete Bewegung der Moleküle statt, während im Festkörper die Moleküle Schwingungen um eine Ruhelage ausführen.

Bei -273,15 ^{0}C würde die Wärmebewegung der Moleküle völlig zum Stillstand kommen. Dieser so genannte absolute Nullpunkt ist nicht vollständig erreichbar.

Temperatur. Alle Stoffe haben einen bestimmten Wärmestand. Man nennt ihn Temperatur.

Die Bewegungsenergie der Moleküle kann nicht direkt gemessen werden. Bei der Temperaturmessung kann man nur die Wirkung messen, die die Wärme auf die Körper ausübt. Häufig nutzt man dazu die Wärmeausdehnung von Flüssigkeiten und Gasen.

Temperaturen werden in ^{0}C oder K angegeben. Mit θ (Theta) bezeichnet man Temperaturen in $^{\circ}$C, mit T Temperaturen in K. Temperaturunterschiede werden bei Berechnungen immer in K angegeben, wobei als Formelzeichen außer ΔT auch $\Delta\theta$ üblich ist.

$$1^{\circ}C = 1\ K.$$

Die Einteilung beider Temperaturskalen ist gleich. Die Temperaturskalen unterscheiden sich nur in Bezug auf den Nullpunkt. Während die Kelvinskala am absoluten Nullpunkt beginnt und damit nur positive Werte hat, liegt der Nullpunkt der Celsiusskala beim Schmelzpunkt des Eises. 0°C entsprechen 273 K.

Die Zunahme der Bewegungsenergie der Moleküle eines Stoffes bei Erwärmung drückt sich nach außen in einer allseitigen Volumenvergrößerung des Stoffes aus. In vielen praktischen Fällen interessiert man sich nur für die Ausdehnung in einer Richtung, für die Längenänderung Δl.

$$\Delta l = l_o \cdot \alpha \cdot \Delta T$$

l_0 Ausgangslänge, Anfangslänge
α **Linearer Ausdehnungskoeffizient**, Längenausdehnungskoeffizient
ΔT Temperaturunterschied in K
Der lineare Ausdehnungskoeffizient für die verschiedenen Materialien kann Tabellen entnommen werden (Tabelle 9 im Anhang).

Beispiel Um wie viel ändert sich die Länge einer Gehwegplatte von 1,5 m bei einer Temperaturerhöhung von 30°C?

$$\Delta l = l_o \cdot \alpha \cdot \Delta T$$

$$\Delta l = 1,5\ m \cdot 0,008\ mm/(mK) \cdot 30\ K = 0,36\ mm$$

Die Längenänderung beträgt 0,36 mm.

Bei Bauteilen, die starken Temperaturänderungen ausgesetzt sind, muss man für die Längen- bzw. Volumenvergrößerung durch entsprechende bauliche Maßnahmen vorsorgen, um Bauschäden zu vermeiden. Solche Maßnahmen sind Dehnfugen und Gleitlager.

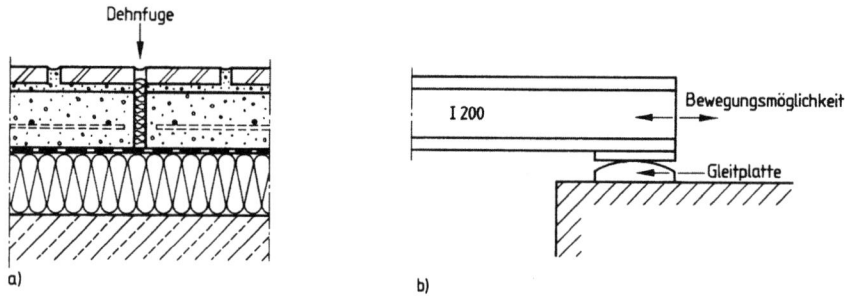

Bild 5.1 Maumaßnahmen zur Vermeindung von Wärmewirkungen, a) Dehnfuge b) Gleitlager

Wenn ein Bauteil an der Längenänderung behindert wird, treten Spannungen im Material auf. Das sind bei behinderter Ausdehnung Druckspannungen und bei behinderter Verkürzung Zugspannungen. Die Größe der entstehenden Spannung ist neben der Größe der Temperaturänderung noch vom Elastizitätsmodul des Baustoffs abhängig. Bei ungleichmäßiger Temperatureinwirkung kann es zu Verwölbungen kommen. Beispielsweise können Bodenplatten auf Erdreich von oben stärker erwärmt werden als von der Unterseite. Auch Dächer oder Fassadenteile können sehr unterschiedlichen Temperaturen auf Ober- und Unterseite ausgesetzt sein und können sich dadurch verwölben. Die Größe der Verwölbung ist außer von der Größe der Temperaturänderung, der Länge und dem Längenausdehnungskoeffizient noch von der Dicke des Materials abhängig.

Aufgaben

1. Ein Stahlbandmaß hat bei 20°C seine Nennlänge von 20 m. Wie lang ist es bei 2°C?

2. Eine Wand aus Mauerziegeln soll alle 15 m eine Dehnfuge erhalten. Wie breit muss die Dehnfuge in mm sein, wenn im Sommer mit Temperaturen von 40°C und im Winter von -20° C gerechnet werden muss?

3. Wir groß ist die Längenänderung einer 14,50 m langen Stahlbetondecke, die im Sommer einer Temperatur von 45°C und im Winter -20°C ausgesetzt ist?

4. Eine Dachrinne aus Zink hat bei 20 °C eine Länge von 22,75 m. Welche Länge hat sie a) im Sommer bei 45°C und b) im Winter bei -25 °C? c) Wie groß ist die Längenänderung bei dieser Temperaturschwankung?

5. Eine Kunststoff-Fensteranlage besteht aus mehreren Fenster- und Türelementen. Wie groß ist die Längenänderung in mm bei der größten Blendrahmenlänge von 3,78 m, wenn im Sommer 50°C und im Winter -20°C auf der Fassade gemessen werden?

6. Um wie viel ändert sich die Länge einer Leichtbauplatte von 2 m bei einer Temperaturerhöhung von -10°C auf 30°C?

7. Wie lang ist ein Holzbalken, der im Sommer bei 25°C eine Länge von 3,200 m hat, im Winter bei -15°C?

5.2 Wärmespeicherung und Wärmetransport

5.2.1 Wärmekapazität

Verschiedene Stoffe von gleicher Masse benötigen zu ihrer Erwärmung unterschiedliche Wärmemengen. Unter der spezifischen Wärmekapazität c eines Stoffes versteht man die Wärmemenge, die nötig ist, um 1 kg eines Stoffes um 1K zu erwärmen. c ist eigentlich temperaturabhängig, kann aber näherungsweise als konstant betrachtet werden. In Tabellen wird c meist bei 20°C angegeben (Tabelle 10 im Anhang).Im Bereich der Raumtemperatur ist die Temperaturerhöhung eines Stoffes näherungsweise proportional der zugeführten Wärmemenge Q. Die spezifische Wärmekapazität c des Stoffes kann als konstant gelten.

$$Q = m \cdot c \cdot \Delta T$$

m   Masse

c   spezifische Wärmekapazität

ΔT Temperaturänderung

Stellt man diese Gleichung nach ΔT um, so erhält man die Temperaturänderung ΔT, die ein Stoff mit der Masse m und der spezifischen Wärmekapazität c bei der Zuführung der Wärmemenge Q erfährt.

$$\Delta T = \frac{Q}{m \cdot c}$$

Energie, Arbeit und Wärmemenge haben die Maßeinheit J (Joule).

$$1\,J = 1\,Nm = 1\,Ws$$
$$1\,kcal = 4,2\,kJ$$

Die offizielle Maßeinheit für die Wärmemenge ist J. Da früher die standardisierte Maßeinheit für die Wärmemenge kcal war, haben sich die Werte in kcal eingeprägt. Man findet auch heute noch, z. B. bei der Angabe des Energiegehaltes von Lebensmitteln, die Angabe in kcal zusätzlich hinter der Angabe in J in Klammern.

Beispiel 1

Wie groß ist die gespeicherte Wärmemenge in 1 m² Mauerwerk aus HLZ, 30 cm dick, Dichte 1200 kg/m³?

$$C = 1,0\,kJ/(kg\,K)$$
$$Q = c \cdot m \cdot \Delta T = 1kJ/(kg\,K) \cdot 1200\,kg/m^3 \cdot 0,3\,m^3 \cdot 1\,K = 360\,kJ$$

Ein m² Mauerwerk kann eine Wärmemenge von 360 kJ speichern.

Beispiel 2

Um wie viel erhöht sich die Temperatur von 1 l Wasser, wenn eine Wärmemenge von 30 kJ zugeführt wird?

$$\Delta T = \frac{\Delta Q}{m \cdot c} = \frac{30\,kJ}{1\,kg \cdot 4200 J\,/(kg \cdot K)} = 7{,}14\,K$$

Die Temperatur des Wassers erhöht sich um rund 7 K.

Aufgabe

1. Welche Wärmemenge ist zum Erhitzen des Wassers in einer Wanne (V= 1,7m × 0,5m × 0,25 m) von 7°C auf 37°C erforderlich? Wie groß ist der Preis für das Erhitzen, wenn wir einen Elektrobeuler und einen Strompreis von 0,20 €/ kWh annehmen?

5.2.2 Wärmeleitfähigkeit und U-Wertberechnng

Man unterscheidet drei Arten der Wärmeübertragung:

- Wärmeleitung
- Konvektion oder Strömung
- Strahlung

Die Wärmeleitung ist ein Prozess, der in allen Materialien stattfindet. Der Wärmeaustausch erfolgt unmittelbar von Molekül zu Molekül. Bei der Konvektion wird die Wärme durch Strömung in Gasen oder Flüssigkeiten transportiert. Die Wärmestrahlung ist eine Art der Übertragung, die keine Materie benötigt und deshalb auch im Vakuum vorkommt.

Die **Wärmeleitfähigkeit** λ gibt an, welche Wärmemenge pro Stunde durch 1 m² einer 1 m dicken Schicht eines Stoffes geht, wenn der Temperaturunterschied an den beiden Schichtoberflächen 1 Kelvin beträgt.

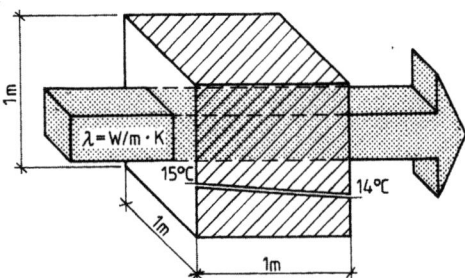

Bild 5.2 Wärmeleitfähigkeit

Die Wärmeleitfähigkeit ist eine der wichtigsten im Wärmeschutz vorkommenden Stoffkenngrößen. Die Wärmeleitfähigkeit für verschiedene Baustoffe ist in Tabelle 11 im Anhang zu finden.

Als **Wärmeübergang** bezeichnet man den Wärmetransport zwischen Gasen oder Flüssigkeiten und der angrenzenden Wand.

Wärmedurchgang. Wird Wärme von einem Raum mit einer Temperatur T_1 durch eine Wand in einen zweiten Raum mit einer Temperatur T_2 übertragen, so spricht man von Wärmedurchgang. Die Wand kann dabei aus mehreren Schichten verschiedener Leitfähigkeit bestehen.

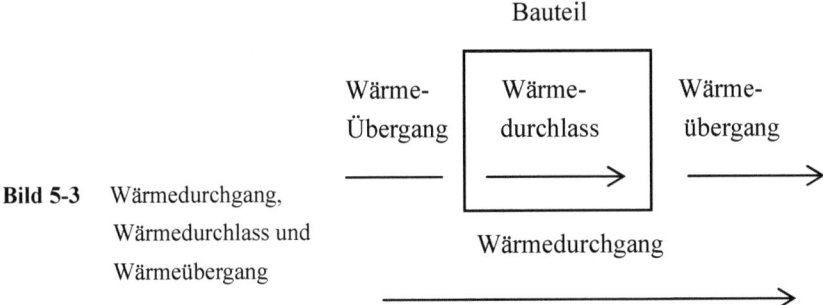

Bild 5-3   Wärmedurchgang, Wärmedurchlass und Wärmeübergang

Der **Wärmedurchlasskoeffizient Λ** eines Stoffes gibt diejenige Wärmemenge in J pro Sekunde an, die durch eine 1m² große Fläche eines Bauteils mit der Dicke d hindurchgeht, wenn der Temperaturunterschied 1 K beträgt.

Der **Wärmedurchlasswiderstand R** drückt den Widerstand gegen den Durchgang von Wärme aus. Der Wärmedurchlasswiderstand ist von der Wärmeleitfähigkeit λ und von der Dicke d des Bauteils abhängig.

$$R = \frac{1}{\Lambda} = \frac{d}{\lambda}$$

Für die Maßeinheit ergibt sich m²K/W.

Beispiel

Welchen Wärmedurchlasswiderstand hat eine Leichtbetonwand mit einer Rohdichte von 1100 kg/m³ und 30 cm Dicke?

$$R = \frac{d}{\lambda} = \frac{0,30\,\text{m}}{0,55\,\text{W}/(\text{m}\cdot\text{K})} = 0,55\,\frac{\text{m}^2\cdot\text{K}}{\text{W}}$$

Der Wärmedurchlasswiderstand dieser Leichtbetonwand beträgt 0,55 m²K/W.

Bei mehreren Schichten addieren sich die einzelnen Widerstände.

$$R = \frac{d_1}{\lambda_1} + \frac{d_2}{\lambda_2} + \cdots + \frac{d_n}{\lambda_n}$$

Beispiel

Berechnen Sie den Wärmedurchlasswiderstand einer 36,5 cm Vollziegelwand, Dichte 1800 kg/m³, beidseitig mit Kalkzement verputzt, Schichtdicken 1 cm bzw. 2 cm. Es ist zweckmäßig, die Schichtdicken gleich in m einzusetzen.

$$R = \frac{d_1}{\lambda_1} + \frac{d_2}{\lambda_2} + \frac{d_3}{\lambda_3}$$

$$R = \frac{0,02}{0,87} + \frac{0,365}{0.79} + \frac{0,01}{0,87}$$

$$R = 0,023 + 0,462 + 0,011 \approx 0,50 \frac{m^2 K}{W}$$

Der Wärmedurchlasswiderstand dieser Vollziegelwand beträgt 0,5 m²K/W.

Wärmeübergangskoeffizient h. Der flächenbezogene Wärmeübergangskoeffizient h gibt die Wärmemenge an, die zwischen einer 1 m² großen Bauteilfläche und der berührenden Luft ausgetauscht wird, wenn 1 K Temperaturunterschied besteht.

Die Maßeinheit des Wärmeübergangskoeffizienten ist W/m²K. Kehrwerte der Wärmeübergangskoeffizienten, Wärmeübergangswiderstände R_s, sind in Tabelle 12 im Anhang zu finden. Da die Luftbewegungen innen und außen unterschiedlich groß sind, sind auch die Wärmeübergangswiderstände unterschiedlich groß. Der Wind führt dazu, dass der äußere Wärmeübergangswiderstand kleiner ist als der innere.

Beispiel

Wie groß sind die Wärmeübergangswiderstände R_{si} und R_{sa} für den Wärmeübergang an einer Außenwand innen und außen?

Tabelle 12 können wir den inneren Wärmeübergangswiderstand R_{si} = 0,13 m²K/W und den äußeren Wärmeübergangswiderstand R_{sa} = 0,04 m²K/W entnehmen.

Der **Wärmedurchgangskoeffizient U oder U-Wert** (früher k-Wert) ist der Kehrwert des Wärmedurchgangswiderstandes R_T. Der Wärmedurchgangswiderstand R_T lässt sich nach der folgenden Gleichung ermitteln:

$$R_T = R_{si} + R + R_{sa}$$

$$U = \frac{1}{R_T}$$

Aufgaben

2. Berechnen Sie den Wärmedurchgangswiderstand und den Wärmedurchgangskoeffizient für eine 12 cm dicke Normalbetonwand mit einer 5 cm dicken Mineralfaserschicht der Wärmeleitfähigkeitsgruppe 045, einem 2 cm dicken Außenputz aus Kalkzementmörtel und einem 1 cm dicken Gipsputz innen.

3. Berechnen Sie den Wärmedurchgangswiderstand und den Wärmedurchgangskoeffizient für eine Lochziegelwand mit einer Dichte von 1200 kg/m^3, einem 2 cm dicken Außenputz aus Kalkzementmörtel und einem 1 cm dicken Gipsputz innen.

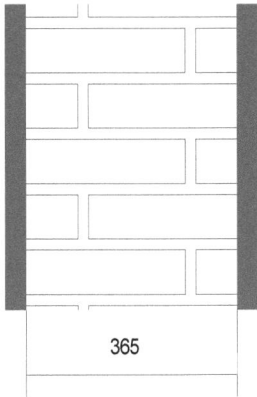

365

Bild 5.4 Wandaufbau

Wärmebrücke

Eine Wärmebrücke ist ein Bereich mit einem erhöhten Wärmedurchgangskoeffizienten. An dieser Stelle tritt ein erhöhter Wärmeverlust auf und es herrscht eine geringere Oberflächentemperatur. Aus Gründen der Rechtssicherheit empfiehlt es sich, mit dem pauschalen Wärmebrückenzuschlag $\Delta U_{WB} = 0,10$ W/(m²K) zu rechnen.

Wärmedurchlasswiderstand einer abgeschlossenen Luftschicht

Der Wärmedurchlasswiderstand von abgeschlossenen (ruhenden) Luftschichten kann nicht wie bei festen Stoffen aus Schichtdicke und Wärmeleitfähigkeit errechnet werden. Es wirken außer Wärmeleitung noch Konvektion und Wärmestrahlung. Bei senkrechten Luftschichten nimmt die Wärmedämmung bis zu einer Luftschichtdicke von etwa 50 mm zu, bei größeren Schichtdicken wird die Dämmung wegen zunehmender Konvektion kleiner. Die Werte können Tabelle 13 im Anhang entnommen werden.

Beispiel

Wie groß ist der Wärmedurchlasswiderstand einer abgeschlossenen Luftschicht von 25 mm Dicke mit horizontalem Wärmestrom?

Für eine Luftschicht von 25 mm Dicke mit horizontalem Wärmestrom kann der Wert 0,18 m²K/W aus der Tabelle 13b entnommen werden.

Wärmedurchlasswiderstand von belüfteten Bauteilen

Bewegte Luftschichten, wie sie zum Beispiel bei belüfteten Dächern vorkommen, liefern nur einen geringen Beitrag zur Wärmedämmung. Zunächst muss entschieden werden, ob es sich um eine schwach oder um eine stark belüftete Luftschicht handelt. Dazu dient Tabelle 13a. Handelt es sich um eine schwach belüftete Luftschicht, so wurde bis zur Änderung der DIN EN ISO 6946 als Bemessungswert des Wärmedurchlasswiderstandes die Hälfte des entsprechenden Wertes einer ruhenden Luftschicht nach Tabelle 13 b verwendet.

Jetzt ist für diesen Fall eine Berechnung entsprechend dieser Norm durchzuführen. Dazu wird folgende Gleichung verwendet:

$$R_T = \frac{1500 - A_V}{1000} R_{T,U} + \frac{A_V - 500}{1000} R_{T,V},$$

dabei sind

$R_{T,U}$ der Wärmedurchlasswiderstand einer ruhenden Luftschicht nach Tabelle 13b

$R_{T,V}$ der Wärmedurchlasswiderstand einer stark belüfteten Luftschicht. (R_{si} aus Tabelle 12)

A_V Fläche der Belüftungsöffnungen in mm².

Wird eine Luftschicht als stark belüftet eingestuft, so werden der Wärmedurchlasswiderstand der Luftschicht und der aller weiteren Schichten der Außenschale vernachlässigt. Es wird bei diesen Bauteilen ein äußerer Wärmedurchgangswiderstand angesetzt, der gleich dem Wert des inneren ist ($R_{se} = R_{si}$).

Beispiel

Berechnen Sie dien U-Wert der abgebildeten Außenwand. Die Fläche der Belüftungsöffnungen beträgt 800 mm²/m.

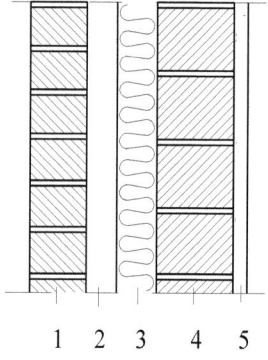

1 Vormauerziegel Dichte 1800 g/m³, 11,5 cm

2 Luftschicht 4 cm

3 Dämmschicht 040, 8 cm

4 Leichthochlochziegel Dichte 700 g/m³, 17,5 cm

5 Gipsputz 1,5 cm

1 2 3 4 5

Bild 5.5 Zweischalige Außenwand mit Luftschicht

Wir berechnen zunächst den Wärmedurchlasswiderstand der Luftschicht R_{TLUFT}.

$$R_{TLuft} = \frac{1500 - A_V}{1000} R_{T,U} + \frac{A_V - 500}{1000} R_{T,V}$$

$$R_{TLuft} = \frac{1500 - 800}{1000} 0,18 + \frac{800 - 500}{1000} 0,13 = 0,165 \quad \text{in } \frac{m^2 K}{W}$$

$$R_T = R_{se} + \frac{d_1}{\lambda_1} + R_{TLuft} + \frac{d_3}{\lambda_3} + \frac{d_4}{\lambda_4} + \frac{d_5}{\lambda_5} + R_{si}$$

$$R_T = 0,04 + \frac{0,115}{0,79} + 0,165 + \frac{0,08}{0,04} + \frac{0,175}{0,38} + \frac{0,015}{0,70} + 0,13$$

$$R_T = 2,963 \quad \text{in } \frac{m^2 K}{W}$$

$$U = \frac{1}{R_T} == 0{,}338 \ \text{in} \ \frac{W}{m^2 K}$$

Der U-Wert dieser Wand beträt 0,34 W/m²K.

Wärmedurchlasswiderstand unbeheizter Räume

Unbeheizte Räume behindern den Wärmestrom. Der Wärmedurchgangswiderstand R_T wird um den Beitrag des unbelüfteten Raumes R_u ergänzt und berechnet sich entsprechend DIN EN ISO 6946 nach

$$R_T = R_{si} + R + R_u + R_{se.}$$

Für Dachräume können die Werte für R_u Tabelle13c entnommen werden.

Andere unbeheizte Räume

Kleine unbeheizte Räume (z.B. Garagen, Lagerräume oder unbeheizte Glasvorbauten) zwischen Innenraum und Außenluft werden vereinfacht als homogene Luftschicht aufgefasst und können nach DIN EN ISO 6946:08-04 berechnet werden mit:

$$R_U = \frac{A_i}{\sum\limits_{k}\left(A_{e,k} \cdot U_{e,k}\right) + 0{,}33 \cdot nV} \quad \text{in} \ \ m^2 K/W, \ \text{wobei}$$

A_i Gesamtfläche aller Bauteile zwischen Innenraum und unbeheizten Raum in m²
$A_{e,k}$ die Flächen des Bauteils k zwischen unbeheiztem Raum und der Außenumgebung, in m²
$U_{e,k}$ U-Wert des Bauteils k zwischen unbeheiztem Raum und Außenumgebung in W/(m²K)
n Luftwechselrate im unbeheizten Raum, als Luftwechsel pro Stunde
V Volumen des unbeheizten Raumes in m³

Falls $U_{e,k}$ nicht bekannt ist, kann $U_{e,k} = 2$ W/(m²K) angenommen werden. Falls n nicht bekannt ist, kann n = 3h^{-1} angesetzt werden. Ergibt sich $R_u > 0{,}5$ m²K/W, so ist eine genauere Berechnung nach DIN EN ISO 13789 erforderlich.

Mindestwärmeschutz

Der Mindestwärmeschutz soll sicherstellen, dass Bauteile keine Feuchteschäden erfahren.

In der DIN 4108 sind die Mindestwerte der Wärmedurchlasswiderstände von Bauteilen enthalten. Diese Werte sind in Tabelle 14 im Anhang zu finden.

Da Bauteile mit geringem Eigengewicht nur ein geringes Wärmespeichervermögen haben, tritt im Sommer eine schnelle Erwärmung und im Winter eine schnelle Auskühlung der Räume ein. Das soll durch einen höheren Wärmeschutz für diese leichten Bauteile verhindert werden. Unter leichten Bauteilen versteht man nach dieser DIN Bauteile mit einem Flächengewicht bis zu 100 kg/m². Bei den Wärmeschutzberechnungen ist deshalb der erste Schritt, zu überprüfen, ob das interessierende Bauteil ein Flächengewicht über 100 kg/m² hat. Liegt das Flächengewicht darunter, so ist die spezielle Tabelle für diese Bauteile anzuwenden.

Beispiel

Berechnen Sie den Wärmedurchlasswiderstand und den Wärmedurchgangskoeffizienten einer 37,5 cm dicken Außenwand aus Gasbeton-Blocksteinen mit einer Dichte von 600 kg/m². Erfüllt diese Wand die Forderungen des Mindestwärmeschutzes?

Als erster Schritt ist zu prüfen, ob das Flächengewicht über 100 kg/m² liegt:

$$0,375\text{m} \cdot 600 \frac{\text{kg}}{\text{m}^2} = 225 \frac{\text{kg}}{\text{m}^2}$$

Das Flächengewicht beträgt 225 kg/m² und liegt damit über 100 kg/m². Es gilt Tabelle 14. Wir berechnen zunächst den Wärmedurchgangswiderstand, anschließend den Wärmedurchlasswiderstand der Wand und den U-Wert.

$$\frac{1}{\Lambda} = \frac{\text{d}}{\lambda} = \frac{0,375\text{m}^2\text{K}}{0,24\text{W}} = 1,56 \frac{\text{m}^2\text{K}}{\text{W}}.$$

$$R_T = R_{sa} + \frac{\text{d}}{\lambda} + R_{se}$$

$$R_T = 0,04 + 1,56 + 0,13 = 1,73 \frac{\text{m}^2\text{K}}{\text{W}}.$$

$$U = 0,58 \frac{\text{W}}{\text{m}^2\text{K}}$$

Nach Tabelle 14 ist ein Wärmedurchlasswiderstand von $R_T = 1,2$ m²K/W erforderlich.

Der Wärmedurchlasswiderstand der Wand ist größer als der geforderte Wert und die Wand erfüllt demnach die Forderungen des Mindestwärmeschutzes.

5.2.3 Grundgleichung für den Wärmeverlust

Der Wärmeverlust, die zeitliche Änderung der Wärmemenge, ist abhängig von der Fläche, dem Wärmedurchgangskoeffizienten und dem Temperaturunterschied.

$$\frac{Q}{t} = U \cdot A \cdot \Delta\theta$$

Beispiel

Welcher Wärmeverlust ergibt sich bei einem Temperaturunterschied von 20 K durch eine Fläche von 12 m² einer Wand mit U = 0,55 W/(m²K)?

$$\frac{Q}{t} = U \cdot A \cdot \Delta\theta = 0,55 \cdot 12 \cdot 20 = 132 \text{ W}$$

Es ergibt sich ein Wärmeverlust von 132 W.

Aufgaben

4. Welchen Wärmeverlust hat eine Kalksteinwand mit einem U-Wert von 1,59 W/(m²K) bei einer Temperaturdifferenz zwischen innen und außen von 35 K im Winter und einer Fläche von 16 m²?

5. Welchen Wärmeverlust hat eine Wand mit einem U-Wert von 0,45 W/(m²K) bei einer Temperaturdifferenz zwischen innen und außen von 35 K im Winter und 15 K im Herbst bei einer Fläche von 16 m²?

5.2.4 Energieeinsparverordnung

Die Energieeinsparverordnung (EnEV) gilt seit dem 1. 2. 2002 und löst die Wärmeschutzverordnung von 1995 ab. Beide Verordnungen regeln den energiesparenden Betrieb eines Gebäudes, nicht das energiesparende Errichten des Gebäudes. 2007, 2009 und 2014 gab es neue Fassungen der Energieeinsparverordnung, die das Ziel haben, den Gebäudeenergieverbrauch weiter zu senken. Die geforderten Wärmedurchgangswiderstände der Außenbauteile stiegen dementsprechend. Die EnEV 2014 enthält gestaffelte Anforderungen; die stärkeren Anforderungen betreffen Neubauten ab 1.1. 2016.

Die Wärmeschutzverordnung 1995 begrenzt den Jahresheizwärmebedarf, die Energieeinsparverordnung begrenzt den Jahres-Primärenergiebedarf. Die Energieeinsparverordnung bezieht die Anlagentechnik in die Bilanzierung ein. Außerdem wird der Aufwand für die Bereitstellung des Energieträgers berücksichtigt. Für die Transmissionsverluste werden in der EnEV Höchstwerte festgeschrieben, die beim Erneuern von Bauteilen einzuhalten sind. Damit soll verhindert werden, dass eine hochwertige Anlagentechnik in zu hohem Maße zur Kompensation einer ungenügenden Wärmedämmung genutzt wird. In Bezug auf den Wärmeschutz werden folgende Fälle unterschieden:

- Neubauten
- Zu errichtende Gebäude mit normalen Innentemperaturen
- Zu errichtende Gebäude mit niedrigen Innentemperaturen
- Gebäude mit einer Fläche > 350 m² und kleine Gebäude
- Bauliche Änderungen bestehender Gebäude (Tabelle 16)

Beispiel

Berechnen Sie die Dicke der Wärmedämmung, die nach der Energieeinsparverordnung bei Erneuerung der abgebildeten Außenwand für ein Haus mit niedrigen Innentemperaturen erforderlich ist (Bild 5.6).

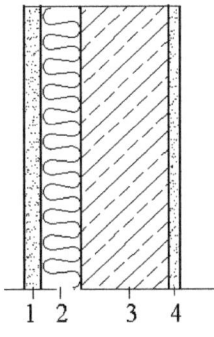

1 Kalkzementputz
2 Wärmedämmschicht 040
3 Normalbeton 10 cm
4 Gipsputz 1 cm

Bild 5.6 Außenwand

Nach der EnEV 2014 darf der U-Wert maximal 0,35 W/m²K sein. (Siehe Tabelle 16).

$$\frac{1}{U} = R_{si} + \frac{d_1}{\lambda_1} + \frac{d_2}{\lambda_2} + \frac{d_3}{\lambda_3} + \frac{d_4}{\lambda_4} + R_{se}$$

$$\frac{1}{0,35} = 0,13 + \frac{0,02}{1,0} + \frac{d_2}{0,04} + \frac{0,1}{2,0} + \frac{0,01}{0,51} + 0,04$$

$$2,857 = 0,13 + 0,02 + \frac{d_2}{0,04} + 0,050 + 0,020 + 0,04$$

$$2,857 = \frac{d_2}{0,04} + 0,260$$

$$d_2 = 0,04 \cdot 2,597 = 0,104 \text{ in m}$$

Es ist eine 10,4 cm dicke Wärmedämmschicht erforderlich.

Aufgaben

6. Bei der Sanierung eines Hauses im Jahre 2016 wurden Fenster mit einem U-Wert von 1,50 W/Km² eingebaut. Das Haus hat eine Innentemperatur, die größer als 19°C ist. Erfüllen diese Fenster die gültige Energieeinsparverordnung (EnEV 2014/2016)?

7. Berechnen Sie die Dicke der Wärmedämmung, die nach der Energieeinsparverordnung bei Erneuerung der abgebildeten Außenwand für ein Haus mit a) normalen und b) niedrigen Innentemperaturen erforderlich ist.

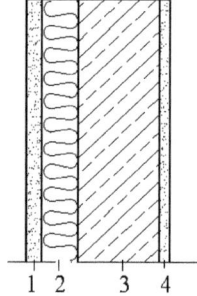

1 Kalkzementputz 2 cm
2 Wärmedämmschicht 040
3 Normalbeton 10 cm
4 Gipsputz 1 cm

Bild 5.7 Außenwand

1 2   3   4

8. Berechnen Sie die nach der EnEV erforderliche Wärmedämmung für eine Deckensanierung eines Wohnraumes unter einem nicht ausgebauten Dachraum. Vergleichen Sie diese Schichtdicke mit der nach dem Mindestwärmeschutz erforderlichen Schichtdicke.

1 Riemenfußboden 22 mm, ρ = 500 kg/m³

2 Mineralfaserfilz 040

3 Stahlbetondecke 140 mm, λ=2,1 W/m³K

4 Gipskalkputz 15 mm

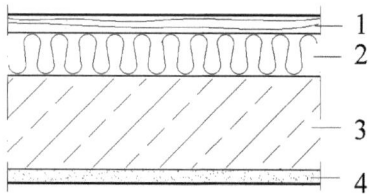

Bild   5.8.Decke

6 Beton

6.1 Betontechnologie

6.1.1 Siebkennlinien

Beton können wir als künstlichen Stein bezeichnen, der aus einem Gemisch von Zement, Zuschlägen und Wasser entsteht. Die Bestimmungen für die Prüfung und Zusammensetzung von Bindemittel, Zuschlägen und Wasser sind in DIN EN 206, DIN 1045 und DIN 1048 enthalten.

Zur Prüfung der Kornzusammensetzung des Zuschlags dienen Siebversuche. Anhand von Regelsieblinien der DIN 1045 lässt sich die Kornzusammensetzung beurteilen. Es sind mindestens zwei Siebungen durchzuführen.

Beispiel Auswertung eines Siebversuchs

Ein Siebversuch, bestehend aus drei Einzelsiebungen a 5000 g ergab die folgenden Werte:

Siebweite in mm	0,25	0,5	1	2	4	8	16	31,5
1. Rückstand in g	4800	4450	3960	3490	3010	2250	1350	120
2. Rückstand in g	4870	4400	3810	3500	3000	2350	1450	110
3. Rückstand in g	4870	4450	3900	3550	3100	2170	1300	120
Gesamtrückstand	14540	13300	11670	10540	9110	6770	4100	350
Rückstand in %	97	89	78	70	61	45	27	2
Durchgang in %	3	11	22	30	39	55	73	98

Der **Siebrückstand in Masseprozent** wird dabei nach der folgenden Gleichung berechnet:

$$\text{Siebrückstand in \%} = \frac{\text{Rückstand in g (je Körnung)}}{\text{Gesamtrückstand}} \cdot 100\%$$

Der Siebrückstand wird immer auf ganze Masse-Prozent gerundet.

$$\text{Siebdurchgang in \%} = 100\% - \text{Rückstand in Masse-\%}$$

Berechnung für die Korngröße 4 mm:

$$\text{Siebrückstand in \%} = \frac{9110\,\text{g}}{15000\,\text{g}} 100\% = 61\%$$

$$\text{Siebdurchganbg} = 100\% - 61\% = 39\%$$

Übertragen wir die Ergebnisse des Siebversuchs in die entsprechende Regelsieblinie, ergibt sich eine neue (punktierte) Sieblinie. Sie sagt aus, dass das geprüfte Material im günstigen

150

Bereich liegt. Je nach dem Größtkorn des Zuschlags ist eine der vier Regelsieblinien in Bild 6-1 anzuwenden. In Beispiel ist das Größtkorn 31,5 mm.

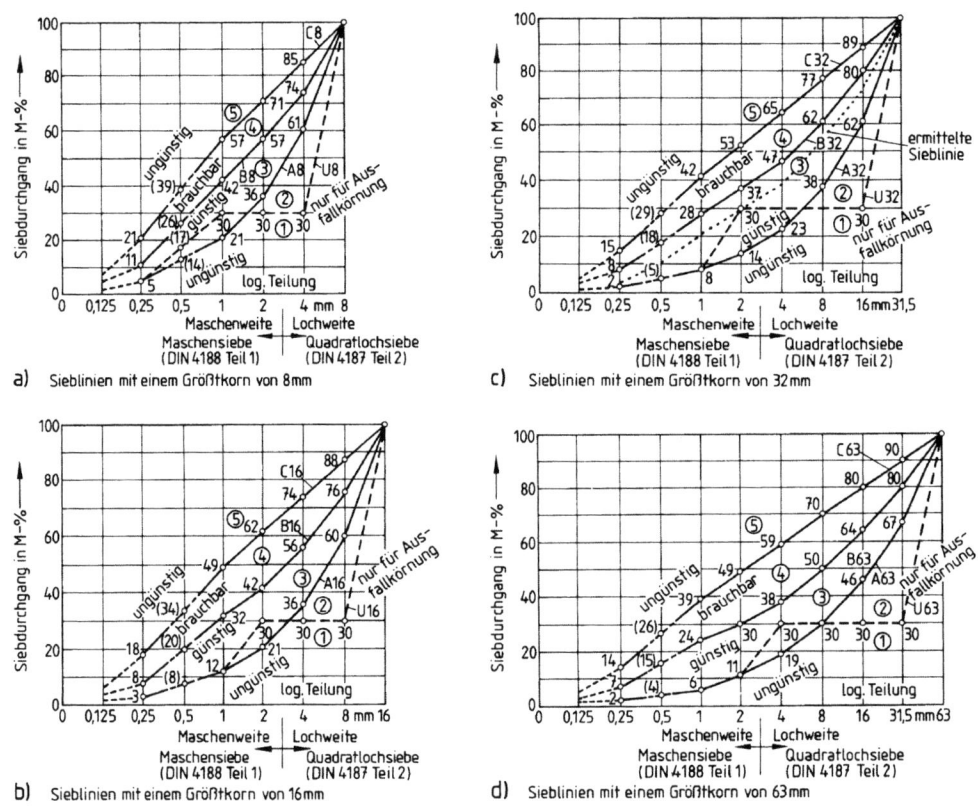

Bild 6.1 Sieblinienbereiche DIN 1045

Neben der Sieblinie sind zur Festlegung der Betonzusammensetzung die angestrebte Druckfestigkeit und die angestrebte **Konsistenz** erforderlich.

Die Verarbeitbarkeit eines Betons wird von der Betonsteife bestimmt. Die drei Konsistenzbereiche plastisch (KP), steif (KS) und weich (KR) kennzeichnen die Betonsteife. Die Konsistenz kann mit Hilfe eines Verdichtungsversuches oder eines Ausbreitversuches bestimmt werden. Beim Verdichtungsversuch wird in einem 40 cm hohen Kasten Beton lose eingefüllt und anschließend auf die Höhe h verdichtet. Das Verhältnis von 40 cm/h beschreibt das Verdichtungsmaß v.

6.1.2 Körnungsziffer und Wassermenge

Nach der Auswertung des Siebversuches kann die Körnungsziffer k berechnet werden. Wir ermitteln sie wie folgt aus der Summe der Rückstände auf den Sieben:

$$\text{Körnungsziffer } k = \frac{\text{Summe der Rückstände in \%}}{100}$$

Mit der Körnungsziffer kann die erforderliche Wassermenge für 1 m³ Beton mit Hilfe von Diagrammen abgeschätzt werden (Bild 6.2).

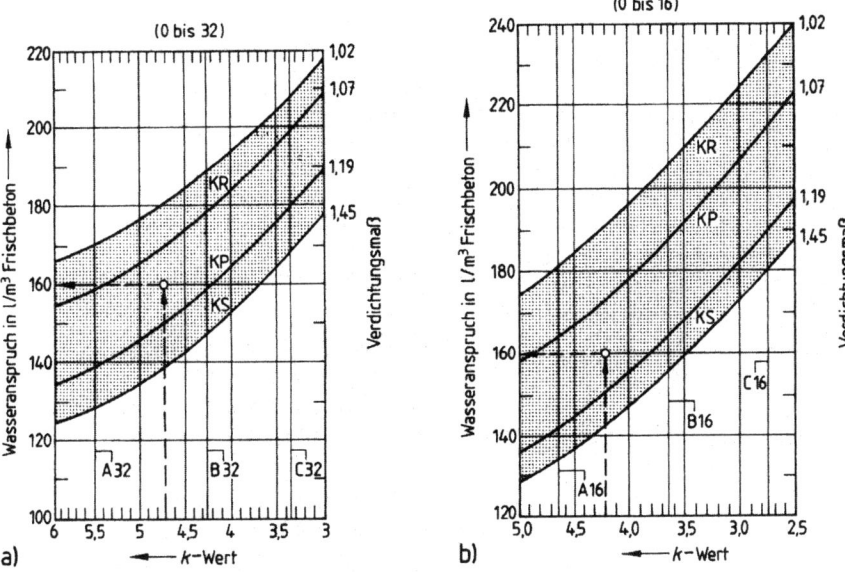

Bild 6.2 Wassergehalt je m³ Frischbeton a) für Zuschläge 0/16, b) für Zuschläge 0/32

Beispiel

Für den ausgewählten Siebversuch mit Betonzuschlag 0/32 mm sind die Körnungsziffer zu berechnen und der Wasseranspruch für 12,3 m³ Frischbeton der Konsistenz KP (plastisch) mit mittlerem Verdichtungsmaß v zu ermitteln.

Siebweite in mm	0,25	0,5	1	2	4	8	16	31,5
Rückstand in %	97	89	78	70	61	45	27	2
Durchgang in %	3	11	22	30	39	55	73	98

$$k = \frac{97+89+78+70+61+45+27+2}{100} = 4,69 \approx 4,7$$

Zur Abschätzung des Wasseranspruchs markieren wir auf der unteren waagrechten Skala des Diagramms 6.2 die Körnungsziffer und zeichnen die Senkrechte bis in den mittleren Verdichtungsmaßbereich von KP. Von hier wird die Waagrechte zur linken Skala gezogen und der geschätzte Wasseranspruch von 160 l/m³ Frischbeton abgelesen.

Gesamtwasseranspruch: 160 l/m³ · 12,3 m³ = 1968 l

Der Gesamtwassergehalt ist aber nicht die Zugabewassermenge. Sie ergibt sich aus dem Gesamtwassergehalt minus der Eigenfeuchte des Zuschlags. Je nach Lagerung, Art und Korngruppe des Zuschlags liegt die Eigenfeuchte zwischen 0,5 und 6 % des Betonzuschlaggewichts.

Beispiel

Wie viel l Zugabewasser sind für 6,4 m³ Frischbeton C 16/20, KP mit 2270 kg Zuschlag je m³ Frischbeton, Körnungsziffer 4,2 Siebgut 0/16 mm und einer Eigenfeuchte des Zuschlags von 3 % nötig?

Gesamtwasseranspruch für 1 m³ Frischbeton geschätzt: 160 l

Eigenfeuchte: 2270 kg/m³ · 3 % = 68,1 kg/m³ = 68,1 l/m³

Zugabewasser: 160 l/m³ - 68,1 l/m³ = 91,9 l/m³

Für 6,4 m³ Frischbeton: 91,1 l/m³ · 6,4 m³ = 588,2 l ≈ 588 l

6.1.3 Wasserzementwert

Das Verhältnis von Wasser in kg zu Zement in kg bezeichnet man als Wasserzementwert w.

$$w = \frac{m_{Wasser}}{m_{Zement}}$$

Beispiel 1

1 m³ Frischbeton wird aus 250 kg/m³ Zement, 2075 kg/m³ Zuschlag bei einem Wasserzementwert w = 0,5 hergestellt. Die festgestellte Eigenfeuchte beträgt 3 %. Wie viel Wasser muss der Mischung zugeben werden?

Wasserbedarf 250 kg · 0,5 = 125 kg

$$Eigenfeuchte = \frac{2075\,kg \cdot 3\,\%}{100\,\%} = 62\,kg$$

Restwasserzugabe = 125 kg - 62 kg = 63 kg

Beispiel 2

Eine Betonmischung wird mit 223 kg Zement, 1236 kg Zuschlag bei 3 % Eigenfeuchte und 90 l Wasserzugabe hergestellt. Wie groß ist der Wasserzementwert?

$$\text{Gesamtwassergehalt} = 90\,\text{kg} + \frac{1236\,\text{kg} \cdot 3\,\%}{100\,\%} = 127\,\text{kg}$$

$$\text{Wasserzementwert w} = \frac{127\,\text{kg Wasser}}{223\,\text{kg Wasser}} = 0{,}57$$

Beispiel 3   Bei einem Wasserzementwert w von 0,5 soll während des Betonierens die Wassermenge 50 kg um 10 kg vergrößert werden. Wie viel Zement muss zusätzlich zugegeben werden, um den Wasserzementwert nicht zu verändern?

$$m_{\text{Zement}} = \frac{m_{\text{wasser}}}{w} = \frac{10\,\text{kg}}{0{,}5} = 20\,\text{kg}$$

Aufgaben

1. Aus den Siebversuchen sind die Körnungsziffern und Gesamtwasseransprüche/m³ Frischbeton KP zu ermitteln.

   a)

Siebweite in mm	0,25	0,5	1	2	4	8	16
Rückstand in %	84	69	53	41	32	21	0

   b)

Siebweite in mm	0,25	0,5	1	2	4	8	16	31,5
Durchgang in %	7	16	35	41	59	72	87	100

2. Wie groß sind die Körnungsziffern und der Gesamtwasseranspruch für 4,7 m³ Frischbeton in KR, v = 1,07?

Siebweite in mm	0,25	0,5	1	2	4	8	16
Rückstand in %	95	84	79	63	52	31	0

3. Welche Zugabewassermenge in l ist für 8,2 m³ Frischbeton KS, v = 1,35 und 1902 kg/m³ Zuschläge mit einer Eigenfeuchte 2,5 % notwendig? Berechnen Sie dazu a) die Rückstände in %, b) die Körnungsziffer, c) den Gesamtwasseranspruch/m³; d) die Eigenfeuchte der Zuschläge/m³ und e) die Zugabewassermenge.

Siebweite in mm	0,25	0,5	1	2	4	8	16
Durchgang in %	14	28	41	53	69	81	100

4. 1 m³ Frischbeton soll mit 300 kg Zement, 1925 kg Zuschlägen und 130 l Wasser hergestellt werden. Der Wasserzementwert soll 0,52 betragen. Wie viel Wasser ist zuzugeben bei einer festgestellten Eigenfeuchte von a) 3 %, b) 4% und c) 5 %?

5. Eine Betonmischung wird aus 223 kg Zement, 1200 kg Kiessand und 66 kg Wasser hergestellt. Die Eigenfeuchte des Zuschlags beträgt 4 %. Berechnen Sie den Wasserzementwert.

6.1.4 Standardbeton - Betonmischung nach Tabellen

Das Mischungsverhältnis gibt die Zusammensetzung des Betons nach Masseteilen an. Die Angabe erfolgt in Verhältniszahlen oder unmittelbar in kg, wobei der Zementanteil immer gleich der Verhältniszahl 1 gesetzt wird.

1(Zement) : 6 (Zuschlag) : 0,6 (Wasser)

Beispiel

Eine Betonmischung mit dem MV 1 = 6 : 0,6 enthält 300 kg Zement/m³. Berechnen Sie die Masseanteile für Wasser und Zuschlag

Zement	1 · 300 kg =	300 kg
Zuschlag	6 · 300 kg =	1800 kg
Wasser	0,6 · 300 kg =	180 kg

Für Standardbetone sind Anhaltswerte für mögliche Zusammensetzungen in Abhängigkeit von der Druckfestigkeitsklasse, dem Sieblinienbereich und der Konsistenz in den nachstehenden Tabellen zusammengestellt. Dabei ist zu beachten, dass die angegebenen Wassermengen den Gesamtwasserbedarf meinen. Außerdem sind die Tabellen nur für Standardbetone anwendbar, also nur für Normalbeton der Druckfestigkeitsklasse bis C 16/ 20 und für die Expositionsklassen X0, XC1 und XC2. Es dürfen nur natürliche Gesteinskörnungen verwendet werden.

Die folgenden Tabellen enthalten die Stoffanteile für 1 m³ Frischbeton:

Betonfestigkeitsklasse C 8/10 (Anhaltswerte)

Zementfestig-keitsklasse	Größtkorn	Sieblinien-bereich	Konsistenz	Zement (kg)	Zugabe-wasser (l)	Gesteins-körnung (kg)
32,5 N 32,5 R	32	günstig	steif	230	125	1919
		günstig	plastisch	260	158	1811
		günstig	weich	230	114	1946
	16	günstig	steif	250	136	1873
		günstig	plastisch	290	174	1763
		günstig	weich	189	102	2010
42,5 N 42,5 R	32	günstig	steif	207	124	1941
		günstig	plastisch	234	157	1837
		günstig	weich	210	114	1964
	16	günstig	steif	230	136	1892
		günstig	plastisch	260	169	1784
		günstig	weich	230	125	1919

Betonfestigkeitsklasse C 12/15 (Anhaltswerte)

Zementfestig-keitsklasse	Größtkorn	Sieblinien-bereich	Konsistenz	Zement (kg)	Zugabe-wasser (l)	Gesteins-körnung (kg)
32,5 N 32,5 R	32	günstig	steif	270	104	1938
		günstig	plastisch	300	127	1857
		günstig	weich	330	150	1776
	16	günstig	steif	300	117	1889
		günstig	plastisch	330	139	1803
		günstig	weich	360	161	1717
42,5 N 42,5 R	32	günstig	steif	243	104	1961
		günstig	plastisch	270	126	1884
		günstig	weich	297	148	1807
	16	günstig	steif	270	115	1911
		günstig	plastisch	300	138	1830
		günstig	weich	330	157	1739

Betonfestigkeitsklasse C 16/20 (Anhaltswerte)

Zementfestig-keitsklasse	Größtkorn	Sieblinien-bereich	Konsistenz	Zement (kg)	Zugabe-wasser (l)	Gesteins-körnung (kg)
32,5 N 32,5 R	32	günstig	steif	290	91	1956
		günstig	plastisch	320	113	1875
		günstig	weich	360	143	1769
	16	günstig	steif	320	103	1899
		günstig	plastisch	350	125	1816
		günstig	weich	400	157	1696
42,5 N 42,5 R	32	günstig	steif	261	89	1983
		günstig	plastisch	288	113	1903
		günstig	weich	324	142	1801
	16	günstig	steif	290	102	1929
		günstig	plastisch	320	124	1848
		günstig	weich	360	154	1742

Anzahl der Mischungen für 1 m³ Frischbeton nach Mischergröße:

Mischergröße:		150 l	250 l	375 l
Mischungen bei:	Steifer Beton	9	6	4
	Plastischer Beton	8	5	4
	Weicher Beton	8	5	3

Die **Kenngröße** eines Mischers gibt das Volumen des Mischgefäßes in Litern an.

Der **Nenninhalt** ist das Volumen des je Mischerspiel herstellbaren unverdichteten Frischbetons.

Die **Festbetonmenge** je Mischerspiel berechnet sich aus dem Nenninhalt geteilt durch das jeweilige Verdichtungsmaß v.

Beispiel 1

Wie viel dm³ verdichteten plastischen Frischbeton ergibt eine Mischerfüllung des 250 l Mischers (v = 1,1)?

$$\text{\textbf{Menge} verdichteter Beton in einer Mischerfüllung} = 250 \ l / 1,1 = 227 \ l$$

Beispiel 2

Ein Beton C16/20, Konsistenz KP, Sieblinienbereich 0/16, günstig, Zement 32,5 N soll mit einem 375 l Mischer hergestellt werden. Die Zugabemengen je Mischerfüllung sind anzugeben.

$$\text{Zement} = \frac{350 kg / m^3}{4 \, \text{Mischungen} / m^3} = 87,5 \, kg$$

$$\text{Zuschlag} = \frac{1816 \, kg / m^3}{4 \, \text{Mischungen} / m^3} = 454 \, kg$$

$$\text{Wasser} = \frac{125 \, kg / m^3}{4 \, \text{Mischungen} / m^3} = 31,25 \, kg$$

Aufgaben

6. Für 1 m³ Zement C16/20 werden gebraucht: 350 kg Zement, 1816 kg Zuschlag und 125 l Wasser. Berechnen Sie das Mischungsverhältnis.

7. Für 1 m³ unbewehrten Beton C12/15, Größtkorn 16 mm, Sieblinienbereich günstig, KP, Zement 32,5 N werden 330 kg Zement gefordert. Geben Sie die nötige Menge an Zugabewasser und Zuschlägen an. Festgestellte Eigenfeuchte des Zuschlags 4,5 %.

8. Zur Herstellung von 1m³ verdichtetem Beton werden 270 kg Zement, 115 kg Wasser und 1911 kg Zuschlag benötigt. Berechnen Sie die Zugabewerte für eine Mischerfüllung eines 250 l Mischers.

9 . Das Mischungsverhältnis für eine Betonmischung ist gegeben. Es soll 300 kg Zement/m³ verwendet werden. Berechnen Sie den Bedarf an Zuschlag und Wasser für 1 m³ Beton bei einem Mischungsverhältnis von 1 : 6,2 : 0,59.

Wasserzementwert und Betonfestigkeit

Der Wasserzementwert ist der wichtigste Kennwert, mit dem das Erreichen einer bestimmten Betondruckfestigkeit vorweg bestimmt werden kann. Das geschieht mit dem Diagramm aus DIN 1045 (Bild 6.3), das die Beziehung zwischen Betondruckfestigkeit, Zementfestigkeitsklasse und Wasserzementwert darstellt. Zur Ermittelung der Betonfestigkeit gehen wir nicht von der Nennfestigkeit, sondern von der höheren Serienfestigkeit aus. Die Serienfestigkeit liegt 5 MN/m² höher als die Nennfestigkeit. Außerdem wird ein Vorhaltemaß von weiteren 5 MN/m² zugeschlagen, um geforderten Betonfestigkeitswerte auch unter Baustellenbedingungen sicher zu erreichen.

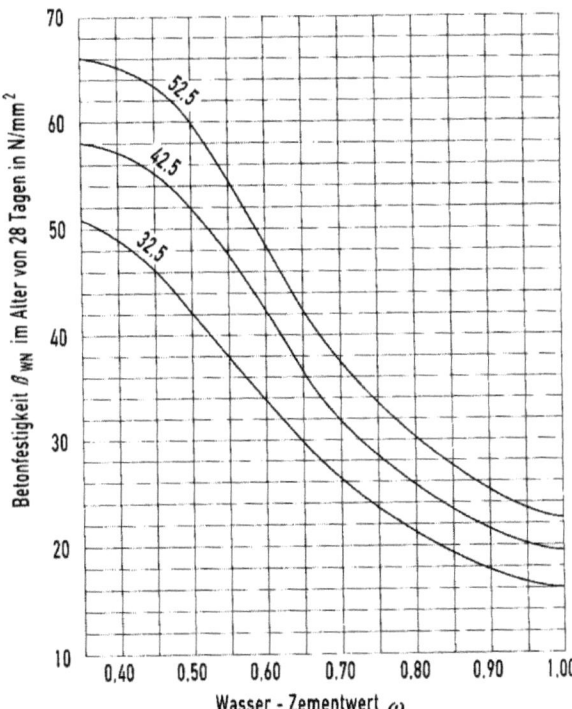

Bild 6.3 Zusammenhang zwischen Betondruckfestigkeit, Zementfestigkeitsklasse und Wasserzementwert

6.1.5 Betonmischungen nach Stoffraumrechnung

Um eine gewünschte Konsistenz und Nennfestigkeit des Betons zu erreichen, ermitteln wir die notwendigen Mengen an Zement, Zugabewasser und Zuschlag für 1 m³ verdichteten Beton. Die Grundlage der Stoffraumrechnung besteht darin, dass in 1 m³ Beton bestimmte Volumen an Zuschlag, Zement und Wasser und Luftporen enthalten sind. Der Stoffraum wird aus der jeweiligen Masse dividiert durch die entsprechende Dichte berechnet.

$$\text{Stoffraum } [\text{m}^3] = \frac{\text{Masse}}{\text{Roh - oder Reindichte}}$$

Der Gesamtstoffraum von 1 m³ verdichteten Frischbeton ergibt sich aus der Summe der Einzelstoffräume:

Stoffraumgleichung:

$$1\,\text{m}^3 = \frac{G}{\rho_G} + \frac{Z}{\rho_Z} + \frac{W}{\rho_W} + p$$

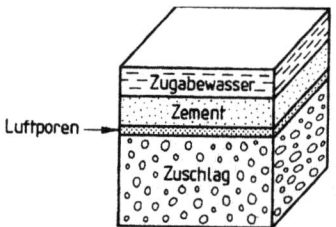

G   Zuschlag in kg

Z   Zement in kg

W   Wasser in kg

p   Porengehalt in m³

ρ_G Rohdichte des Zuschlags in kg/m³

ρ_Z Rohdichte des Zements in kg/m³

ρ_W Reindichte des Wassers: 1000 kg/m³

Bild 6.4 Stoffraummengen in 1 m³ Frischbeton

Ist aufgrund der Massenermittelung die Festbetonmenge berechnet, muss noch die Frischbetonmenge ermittelt werden:

Frischbetonmenge = Festbetonmenge · Verdichtungsmaß v

6.2 Massenberechnung

6.2.1 Massenberechnung von Beton

Wenn in der Leistungsbeschreibung nichts anderes festgelegt ist, werden Beton und Stahlbeton einschließlich Schalung und Bewehrung abgerechnet. Die Ergebnisse werden beim Raummaß auf zwei, beim Flächenmaß auf drei Stellen nach dem Komma gerundet.

Regeln und Konstuktionsmaße für die Massenermittlung von Betonarbeiten

Nischen in Stahlbetonwänden müssen abgezogen werden, wenn sie größer als 0,25 m³ pro Stück sind. Bei Abrechnung nach Flächenmaß erfolgt ein Abzug, wenn die Öffnung > 1 m² ist.

Bei kreuzenden Wänden wird die dickere Wand durchgemessen Bei Wandecken wird nur eine, und zwar die breitere Wand durchgerechnet.

Beispiel   30er Wand: (4,135 + 0,15 + 2,885) ·0,30· 2,60 m³ = 5,593 m³

15er Wand: (6,76 + 2,385)· 2,60 m² = 23,78 m²

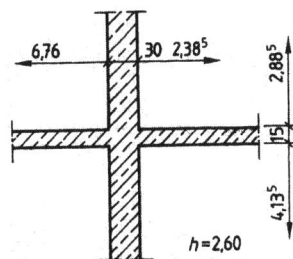

Bild 6. 5 Wandkreuzung

Stützen in Betonwänden werden getrennt abgerechnet.

Die Abrechnungshöhe von Wänden wird bei durchgehenden Wänden von Oberfläche Rohdecke bzw. Fundament bis Oberfläche Rohdecke ermittelt. Stützen werden von OK Rohdecke bis OK Rohdecke gerechnet.

Decken werden bis zur äußeren Begrenzung und meist nach Flächenmaß abgerechnet.

Aufgaben

1. Für die Stütze in Bild 6.6 ist die Abrechnungsmasse an Stahlbeton zu berechnen. Ergebnis auf drei Stellen hinter dem Komma in m³.

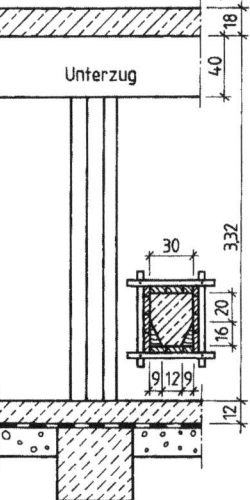

Bild 6.6 Stahlbetonstütze mit Schalung

2. Berechnen Sie die 17 cm dicke Stahlbetondecke über dem Wohnraum in Bild 6.7 in m². Die Deckenauflagerbreite beträgt auf allen Begrenzungswänden 24 cm.

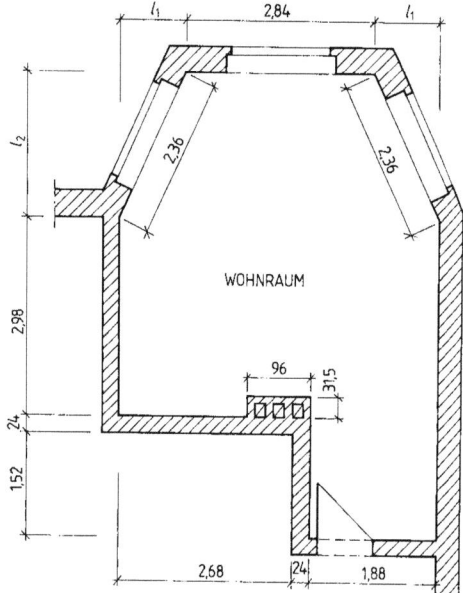

Bild 6.7 Wohnraum

6.2.2 Massenermittelung von Betonschalung

Die Massenermittelung von Betonschalung erfolgt nach DIN 18331. Die Schalung rechnet man nach Flächenmaß (m²), wobei man die Einschalung von Decken und die Einschalung von Balken, Stützen, Wänden und Treppen getrennt ermittelt. Die nötigen Maße können wir im allgemeinen den Ausführungszeichnungen oder den Schalplänen entnehmen, die die Betonkonstruktion im geplanten Endzustand und ihre vollständige Bemaßung darstellen. Als Maß gilt die eingeschalte Betonfläche. Überstehende Schalung wird nicht gerechnet.

Deckenschalung wird zwischen Wänden und Balken aus der Abwicklung aller eingeschalten Flächen berechnet. Die Schalung von Deckenrändern wird mitgerechnet.

Deckenöffnungen (z.B. für Treppe, Schornsteine oder Rohrdurchführungen) werden bis zu 1,0 m² Einzelgröße übermessen. Die für die Einschalung erforderliche Randschalung ist jedoch auch dann zu rechnen, wenn die Öffnung übermessen wird. Die Schalung von Aussparungen wird wegen des erhöhten Schalungsaufwandes außerdem als Zulage zum Schalungspreis abgerechnet.

Beispiel

Wie groß ist die Masse der Schalung für die 16 cm dicke Betondecke in Bild 6.8?

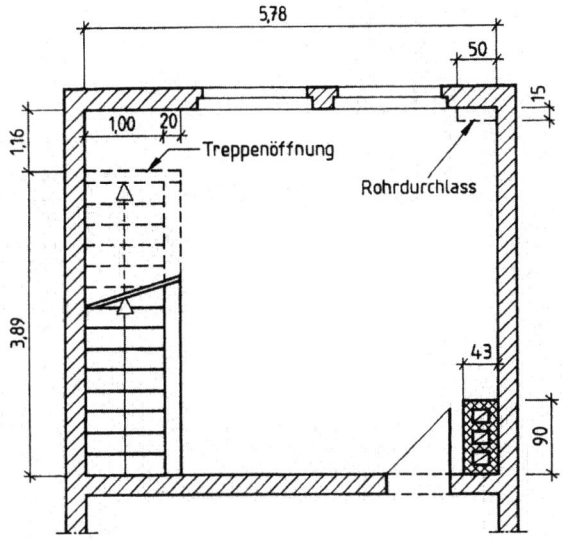

Bild 6.8 Deckenschalung

Pos.	Gegenstand	Länge (m)	Breite (m)	Fläche (m)	Abzug (m²)
1	Deckenschalung				
	3,89 + 1,16	5,05	5,78	29,19	
	Öffnungen				
	Treppe				
	1,00 +0,20	1,20	3,89		
	Schornstein	0,90	0,43		4,67
	Rohrdurchlass	0,50	0,15		< 1 m²
	Randschalung Ausparung				< 1 m²
	Treppenöffnung	3,89			
		1,20			
	Rohrdurchlaß	0,50			
		0,15			
	Schornstein	0,43			
		0,90			
		7,07	0,16	1,13	————
				30,32	4,67
				- 4,67	
				25,65	
2	Zulage Schalung Aus-sparung			1,13	

Wand-, Balken- und Stützenschalung. Die Maße werden in der gleichen Weise wie bei Deckenschalungen ermittelt. Nicht abgezogen werden Aussparungen für Öffnungen und Schalungsausschnitte für Anschlüsse von Balken an Balken, an Stützen und an Wänden bis zu 1,0 m² Einzelgröße. Auch Schlitze und Kanäle in geschalten Betonflächen bis 0,5 m Breite zieht man nicht ab. Die Schalung für die Aussparungen und Schlitze ermittelt man gesondert und rechnet sie wegen des erhöhten Aufwands als Zulage zum Schalungspreis ab.

Beispiel Zu ermitteln ist die Schalung der 2,50 m hohen Betonwand (Bild 6.9).

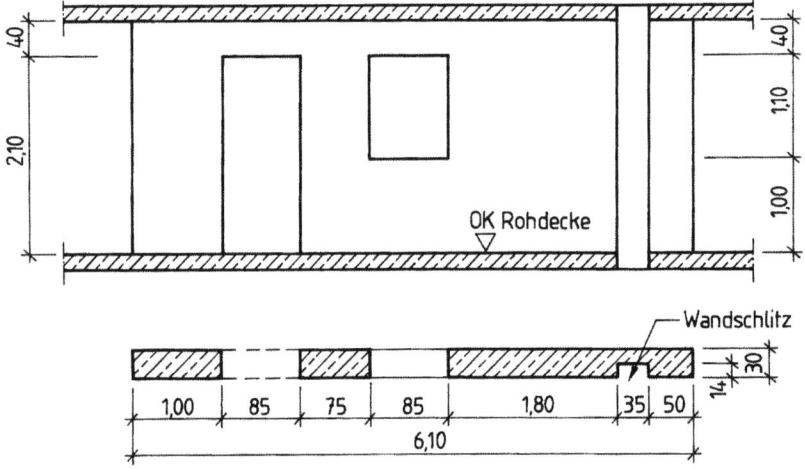

Bild 6.9 Betonwand

Pos.	Gegenstand	Länge (m)	Breite (m)	Fläche (m²)	Abzug (m²)
1	Schalung Betonwand				
	2 · 6,10	12,20			
	2 · 0,30	0,60			
	h = 2,10 + 0,40	12,80	2,50	32,00	
	Aussparungen				
	Türöffnung	0,85			
	Fensteröffnung	0,85	2,10		1,79
	Schlitz	0,35	1,10		< 1 m²
					≤ 0,5 m
				32,00	1,79
				-1,79	
				30,21	

Beispiel

Berechnen der Schalung der Stahlbetonstütze in Bild 6.10.

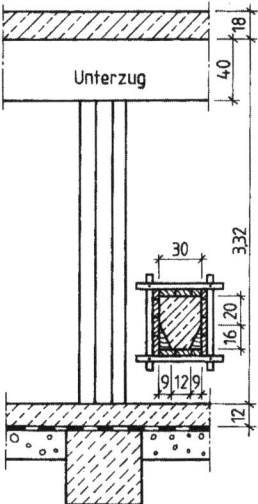

Bild 6.10 Stahlbetonstütze mit Schalung

Pos.	Gegenstand	Länge (m)	Breite (m)	Fläche (m²)	Abzug (m²)
1	Schalung Betonwand Stahlbetonstütze Abschrägung $\sqrt{0,09^2 + 0,16^2} = 0,18$ $l = 0,20 \cdot 2 + 0,30 + 0,12 + 2 \cdot 0,18$ $h = 3,32 - 0,40$	1,18	2,92	3,45	

Aufgabe

3. Für das Kellergeschoss in Bild 6.11 in Betonbauweise ist die Massenermittelung nach Formular durchzuführen. Dafür sind zu berechnen: Pos.1 m³ 30er Wand, Pos.2 m² 24er Wand, Pos.3 m² 15er Wand, Pos.4 m² Stahlbetondecke d = 18cm.

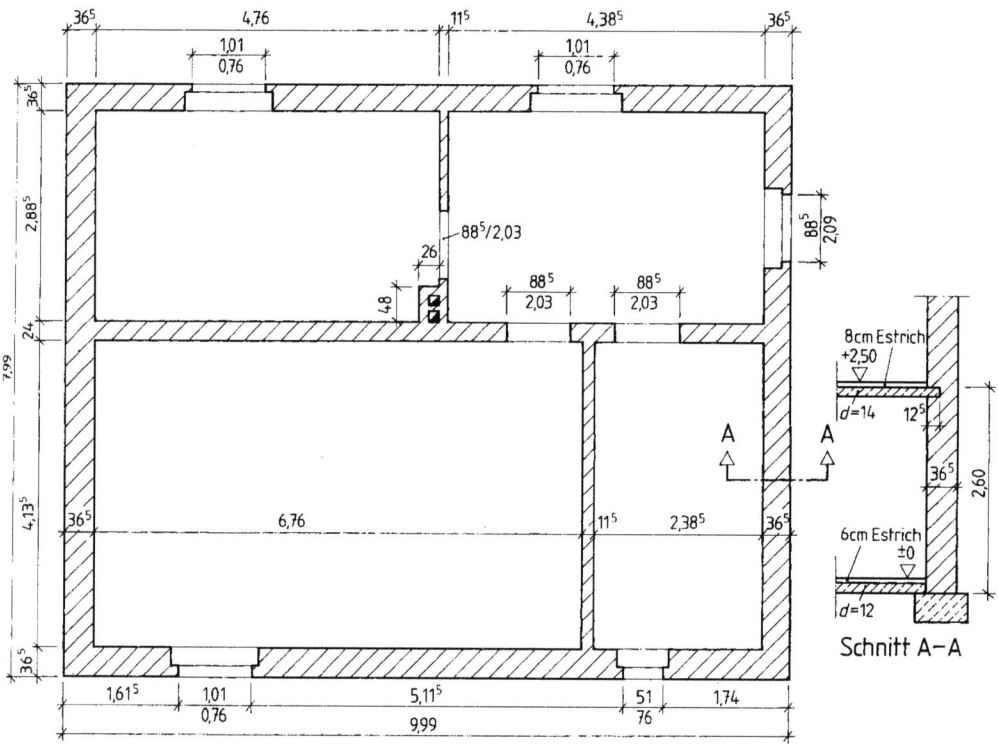

Bild 6.11 Kellergeschossgrundriss (Maße in m, cm)

Lösungen

1 Mathematische Grundlagen

1.2 Grundrechenarten

3 **1.a)** 2571; **b)**   16001; **c)** 3631,56; **d)** 231,231

2.a) 433,4; **b)** 515,59; **3.** 326,94 km; **4.** 37981,13 €;

4 **5.** 48,41 m²; **6.**   167,55 €

5 **7.a)**   512; **b)** 4896; **c)** 11919

8.a)   2177,28; **b)** 454,61; **c)** 2040,95

9.a)   31,4; **b)** 0,0716; **c)** 53

10.a) 280,16 l; **b)** 71,675 l; **c)** 24979,93 m

11. 4557 Steine; 2348 l Mörtel; **12.** 2163,34 €; **13.** 532 €

7 **14.a)** 0,4275; **b)** 31,8611; **c)** 0,5880

15.a) 427 m; **b)** 1,59 cm; **c)** 82,39 cm²

16. a) 300; **b)** 34; **c)** 75,2

17. 601 m²; **18.** 32 mal; **19.** $4 < 400$ **20.a)** 0,5; **b)** 0,06; **21.** 4,4

22. 45; **23.** 5 m; **24.** 17,44 l; **25.** 88; **26.** 17 l;

8 **27** 15, 4 €; **28.a)** 180; **b)** 250; **c)** 50; **29.a)** 23,6; **b)** 57,5; **c)** 12; **d)** 72,6 €

1.5 Gleichungen und Formeln

16 **1.** x = 11 m³; **2.** x = - 25 m²; **3.** x = 15 cm; **4.** x = 3 kg; **5.** x = 3,28 m

6. x = 3 a; **7.** x = 0,5 l; **8.** x =1/7; **9.** x = 12 dm; **10.** x = 3,2 cm³; **11.** x = 10 c

12. x = 25; **13.** x =1; **14.** x = 4,5; **15.** x = 6; **16.** x = 1/3; **17.** x = 8;

18. x = 7; **19.** x = 27; **20.** x = 30; **21.** x = 61; **22.** x = 169, **23.** x = 16;

24. x = 1; **25.** x = 3; **26.** x = 25; **27.** x = 293 m²;

18 **28.a)** 29,25 cm; **b)** 18 cm; **29.** 12,8 €; **30.** 17 Schichten; **31.** a = 11,9 m

32. 8,70 m

19 **33.** 6,73 m; **34.** 51,72 €; **35.** 0,36 m

1.6 Dreisatz

22 **1.** 230 kg Zement ; **2.** 1230 l Mörtel; **3.** 440 Steine; **4.** 8,6 m³ Wand;

1.7 Prozentrechnung

1.8 Zinsrechnung

2 Einrichten einer Baustelle

2.1 Längen

Seite	

2.2 Flächen

36 **1. a)** A =110,25 m² ; U = 42 m; **b)** A = 0,94 m²; U = 3,92 m; **c)** A = 5,33 m²; U = 18,88 m; **d)** A = 2,35 m²; U = 7,56 m; **e)** A = 34,14 m²; U = 28,98 m

2. 2,707 m²;   1,779 m²; **3.** a = 13,6 m, U = 39,70 m; **4.** 31,2 ha; **5.** 22,14 m

37 **6. a)** 14,70 m²;   **b)** 25,23 m²; **c)** 26,13 m²

7.a) gleichschenkliges Dreieck; **b)** rechtwinkliges Dreieck;

c) rechtwinkliges Dreieck; **d)** gleichseitiges Dreieck

39 **8.** 54,18 m; **9.** 125,95 m; **10.** a = 37,8 m;   b = 50,4 m; **11.** 3,12 m;

12. 8,00 m; **13.** 21,2 cm; **14.** 22,90 m **15.** d =√2 ·a = 1,414 a;

40 **16.** 4803,84 cm² ≈ 0,48 m²

41 **17.a)** 804,3 cm²; **b)** 100,5 cm

18.a) 176,71 cm²; **b)** 47,1 cm; **c)** 314,16 cm²; **19.** 168,25 m²;

42 **20.** 1,20 m²; **21.a)**   5,72 m; **b)** 110,24 m²

22.a) 16/16 cm; **b)** 159 cm²

23.a) 0,33 m²; **b)** 6,81 m²; **c)** 0,59 m

43 **24.a)** 4,89 m²; 9,71 m; **b)** 6,89 m²; 11,12 m; **c)** 22,09 m²; 19,75 m

d) 4,10 m²; 9,29 m; **e)** 6,29 m²; 11,94 m; **f)** 61,21 m²,; 32,46 m

2.3 Maßstäbe

44 **1.a)** 3,4 cm; **b)** 1,7 cm; **c)** 24,4 cm; **d)** 2,9 cm; **e)** 12,3 cm; **f)** 3,2 cm

g) 4,4 cm; **h)** 3,9 cm

2.a) M. 1 : 20; Länge = 18,7 cm, Breite = 14,05 cm, Papierformat A4

b) M. 1 : 5; Länge = 74,8 cm; Breite 56,2 cm, Papierformat A1

3.a) 7,10 m; **b)** 58,30 m; **c)** 152,0 m; **d)** 23 m;

e) 265 m; **f)** 0,29 m; **g)** 6,40 m; **h)** 0,74 m;

45 **4.a)** M. 1 : 50; **b)** M. 1 : 20; **c)** M. 1 : 500; **e)** M. 1 : 5; **d)** M. 1:10;

f) M. 1 : 1000; **g)** M. 1 : 100; **h)** M. 1 : 200

5. M. 1 : 50; Zeichenfläche A3: Länge = 410 mm, Breite = 287 mm;

Zeichenmaß Dachstuhlbreite 370mm < 410 mm, -höhe 135 mm < 287 mm

6. l = 62,10 m; b = 17,40 m

7. b = 62,5 m; l = 80,0 m

2.4 Geometrische Grundkonstruktionen

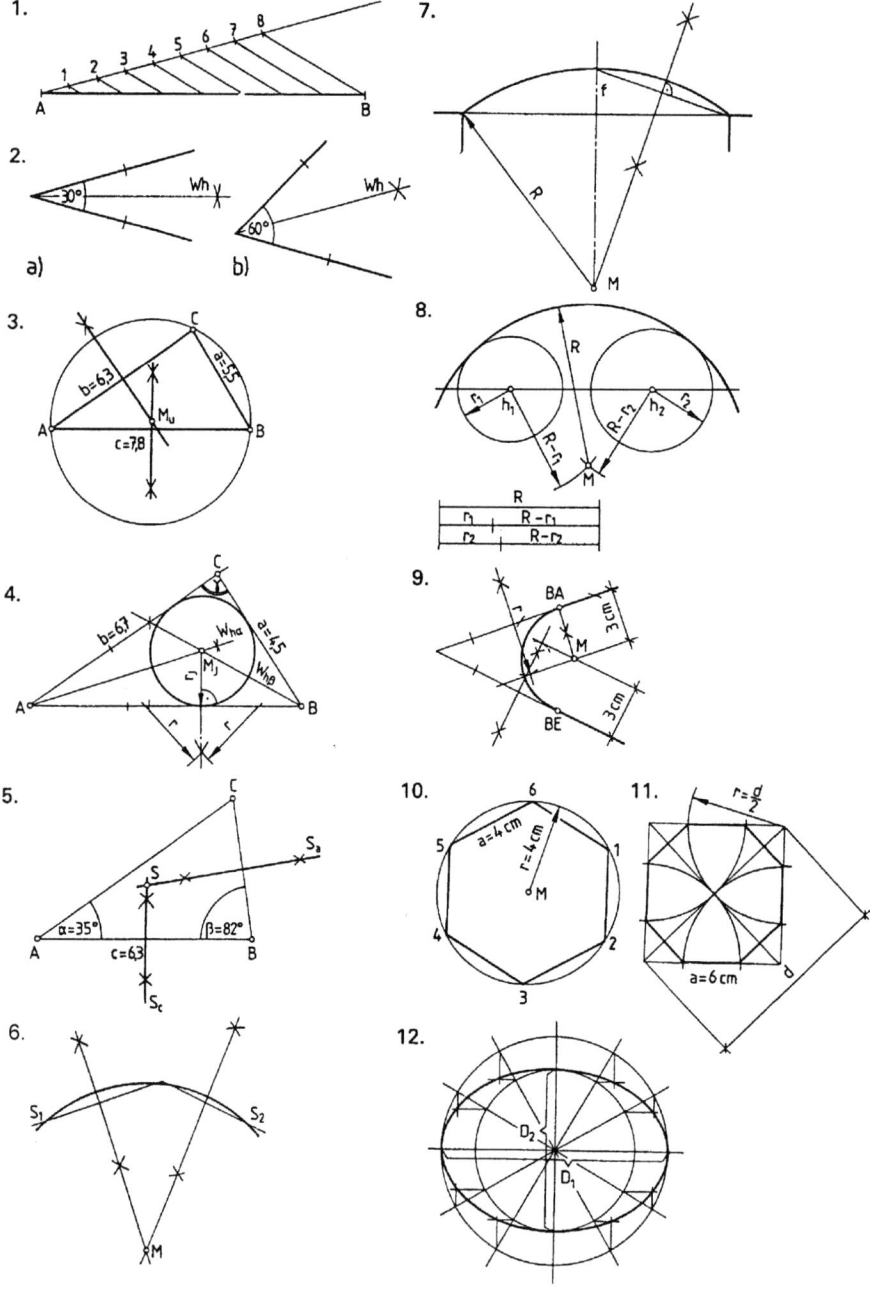

Seite	

2.5 Längen- und Rechtwinkelmessung

54   **1.** d =22,42 m;   **2.** d_1= 33,33 m; d_2 = 53,94 m;

   3. d_1 = 40,90 m; d_2 = 17,62 m;   **4.** d = 52,48 m; b = 7,83 m

55   **5.** d_1 = 21,16 m; d_2 = 17,53 m;

   6. s_1 = 19,57 m; s_2 = 23,37 m; s_3 = 27,30 m; s_4 = 33,32 m; d = 24,45 m;

   7. y = 11 m + 32,78 m = 43,78 m; d_1= 45,50 m; d_2 = 21,06 m; x = 25,47 m - 8,56 m = 16,91 m ;

   8. l = 12,34 m ; b = 7,58 m ; a = 13,21 m ; d_1 = 26,72 m ; d_2 = 14,48 m

56   **9.a)** l_1= 29,95 m; l_2= 20,17 m; l_3 = 9,78 m; b_1 = 16,84 m; b_2 = 9,50 m, b_3 = 7,34 m; **b)** d_1= 31,42 m; d_2 = 22,30 m; d_3 = 12,23 m; d_4 = 19,47 m

3 Erschließen und Gründen eines Bauwerks

3.1 Höhenmessungen

61   **1.** 47 cm;

   2. 18 cm; **3.** 3 cm anheben;   **4.** NN-Höhe =122,32 m; Tiefe =1,94 m

61/62.   **5.**   **6,**

Station	NN-Höhe
0,0	87,02 m
„rechts" 3,1	87,88 m
7,2	87,61 m
10,5	88,07 m
„links" 2,8	86,29 m
6,4	86,17 m
12,6	85,59 m

Station	Lattenablesungen
0,00	3,89
0,94	2,82
7,82	2,68
10,41	2,63
19,34	2,45
26,81	2,30

Seite

62 7.

Punkt Nr.	Ablesungen			Δh	Höhe über NN.	Bemerkungen
	Rück-blick	Zwi-schen-blick	Vor-blick			
KD	2,685				205,689	Kanaldeckel, Sebastanusstr.
WP1	3,714^{-1}		2,562	0,123	205,812	
WP2	2,165		2,884	0,830	**206,642**	Pflock, BaustelleTannenweg
WP3	3,543^{-1}		3,976	-1,811	204,831	
KD			2,683	0,860	205,689	Kanaldeckel, Sebastanusstr.
Σr =	12,107	Σv =	12,105	Δh =	0	
				Σr - Σv	0,002	
				Fehler	-0,002	

63 8.

Punktnr.	Ablesungen			Δh	Höhe über NN.	Bemerkungen
	Rück-blick	Zwischen-blick	Vor-blick			
HFP	2,734				58,734	Höhenfestpunkt Ringstr.44
WP1	3,146^{+1}		1,831	0,903	59,637	
WP2	2,461^{+1}		1,984	1,162	60,799	
WP2	1,645^{+1}		2,138	0,323	61,122	
Z1		3,486		-1,841	**59,281**	Pflock, Baustelle Kupferstr.32
WP4	1,923		1,587	1,899	61,180	
WP5	1,085		2,127	-0,204	60,976	
WP6	0,765		2,642	-1,557	59,419	
HFP			2,895	-2,130	57,292	Höhenfestpunkt Grabenstr.88
Σr =	13,759	Σv =	15,204	Δh$_{soll}$ =	-1,442	
				Σr - Σv =	-1,445	
				Fehler	0,003	

3.2 Winkel, Steigung, Neigung und Gefälle

65 **1. a)** 3° 36'; **b)** 36'; **c)** 1°18'; **d)** 1°2'; **2. a)** 10,0767; **b)** 30,7478 **c)** 1,5042;

3. a) 32° 42'0''; **b)** 64° 12' 0'' **c)** 45° 48'0'';

4 a) 195° 1'0''; **b)** 148° 14'25''; **c)** 91° 21'0''.

Seite

66   **5.a)** $n = l / h$; **b)** $l = n \cdot h$; **c)** $h = l / n$

67   **6. a)** $p = \dfrac{h \cdot 100\%}{l}$;   **b)** $l = \dfrac{h \cdot 100\%}{p}$;   **c)** $h = \dfrac{p \cdot l}{100\%}$

69   **7.** $h = 0{,}74$ m; 1: 13,3; **8.** $h = 5{,}05$ m; 1: 1,43; **9.** $h = 118{,}36$ m;   1: 18,18

      10. $h = 19$ cm; **11.** $b = 1{,}40$ m; **12.** $a = 5{,}76$ m; $b = 1{,}75$ m; $d = 22{,}75$ m; $c = 14{,}49$ m
        Neigungsverhältnis: 1:16,1; **13.** $h = 2$ cm;

70   **14.** 1 : 5   **15.** $b_1 = 8{,}19$ m; $b_2 = 7{,}02$ m; $b = 7{,}25$ m   **16.** $b_1 = 0{,}93$ m; $b = 1{,}55$ m

      17. $l = 18{,}47$ m; $b = 12{,}97$ m; **18. a)** $h = 10$ cm; **b) a)** 2,7 %; **b)** 5,3 %; **c)** 6,5 %

      19. $p = 1{,}5$ %

3.3 Körper

71   **1.a)** 6,748522 m³; **b)** 5,662281 m³; **2.a)** 0,0562 l;   **b)** 0,13756 l ; **c)** 2844 l;
      d) 178 l; **3.** 0,25 m³;

72   **4.** 50

73   **5.a)** $V = 6{,}970$ m³; $M = 21{,}12$ m²; **b)** $V = 270$ dm³; $M = 144{,}00$ dm²;

      6. $V = 13824$ cm³; $M = 3456$ cm²;   **7. a)** $V = 0{,}538$ m³; $M = 2{,}41$ m²,

      b) $V = 17{,}375$ m³; $M = 29{,}964$ m²; **8. a)** $V = 1{,}050$ m³; **b)** $V = 0{,}315$ m³; **c)** 30 %

      9. a) $V = 1{,}060$ m³; $M = 3{,}37$ m²; $O = 5{,}86$ m²;   **b)** $V = 10178{,}760$ dm³;

        $M = 1130{,}97$ dm³; $O = 3166{,}73$ dm³ **c)** $V = 1{,}335$ m³; $M = 8{,}90$ m²; $O = 9{,}46$ m²

      10. a) $V = 0{,}346$ m³; $d = 0{,}420$ m; **b)** $V = 0{,}512$ m³; $d = 0{,}719$ m

74   **11. a)** $V = 36{,}920$ dm³ $M = 125{,}66$ dm²; **b)** $V = 406{,}371$ dm³; $M = 502{,}65$ dm²

76   **12. a)** 0,167 m³; **b)** 0,709 m³; **c)** 0,253 m³; **d)** 3,630 m³;

      13. a) $M = 5{,}86$ m²; **b)** $O = 6{,}96$ m²; **c)** $V = 0{,}887$ m³

      14. a) $V = 61{,}051$ m³ ; **b)** $h_a = 4{,}547$ m; $h_b = 5{,}46$ m, $A = 75{,}59$ m²

77   **15. a)** $V = 270{,}227$ m³ $+ 26{,}594$ m³ $= 296{,}821$ m³;

      b) $hs = 6{,}43$ m; $M = 84{,}45$ m² $+ 129{,}28$ m² $= 213{,}73$ m²

79   **16. a)** Würfel; **b)** Pyramidenstumpf; **c)** Zylinder; **d)** Dreiecksäule;

      e) schiefe Pyramide; **f)** Rechtecksäule **g)** Quader)

      17. a) 0,195 m³; **b)** 8,489 m³; **c)** 0,181 m³; **d)** 0,409 m³; **e)** 0,873 m³; **f)** 0,335 m³;

      18. a) 1,35 m² ; **b)** 19,10 m²; **c)** 1,51 m²; **d)** 3,61 m² ; **f)** 2,74 m²

      19. a) 67,652 m³; **b)** 75,093 m³;

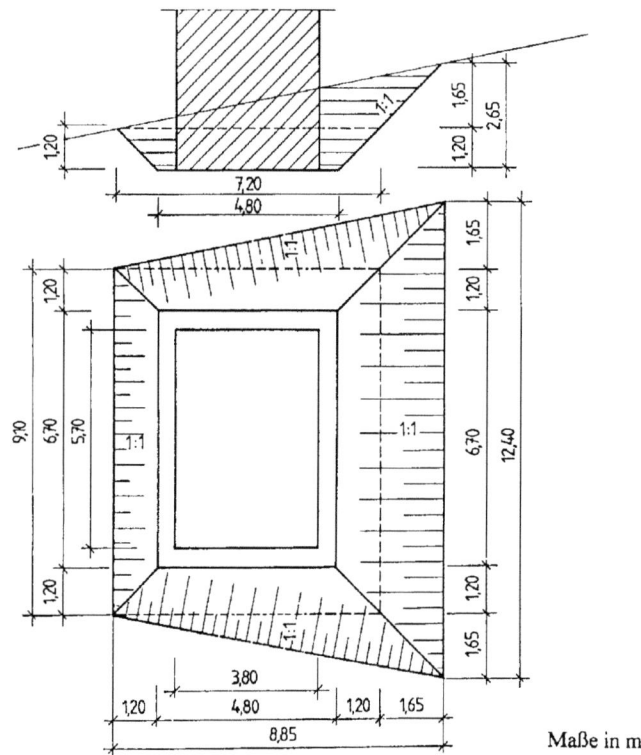

Maße in m

b) V₁ = 57,43 m³; V₂ =54,05 m³ + 2 · 3,27 m³ = 60,59 m³;

     V = (57,43 + 60,59) m³ =118,02 m³; **c)** 77,41 m³

Lösungsweg:

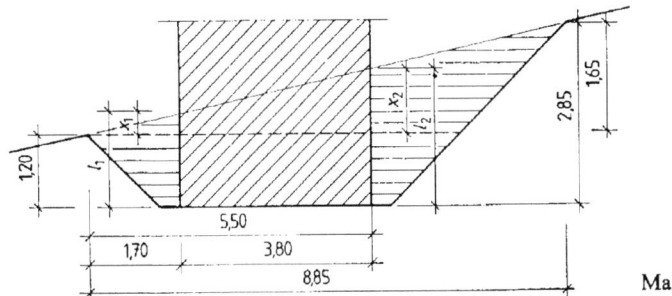

Maße in m

$$\frac{x_1}{1,70\,m} = \frac{1,65\,m}{8,85\,m}; \quad x_1 = 0,32\,m; \quad h_1 = 1,20\,m + 0,32\,m = 1,52\,m$$

$$\frac{x_2}{5,50\,m} = \frac{1,65\,m}{8,85\,m}; \quad x_1 = 1,03\,m; \quad h_1 = 1,20\,m + 1,03\,m = 2,23\,m$$

$$V = \frac{1,52\,m + 2,23\,m}{2} \cdot 3,80\,m \cdot 5,70\,m = 40,61\,m^3$$

$$V_A = 118,02\,m^3 - 40,61\,m^3 = 77,41\,m^3;$$

d) $40,61\,m^3 \cdot 1.12 = 45,48\,m^3$; **29.** 143,1 m³ feste Masse; **30.** 913,9 m³

31. Grabenbreite: $0,46\,m + 0,7\,m + 2 \cdot 0,15\,m = 1,46\,m$; $V_{Graben} = 40,70\,m^3$

   $V_{Rohr} = 2,24\,m^3$; $V_{Feste\,Masse} = 40,70\,m^3 - 2,24\,m^3 = 38,46\,m^3$

3.4 Masse und Dichte

91   **1.** b = 17,5 cm; **2.** 38,672 kg; **3.** 1,40 kg/dm³; **4.** 1,718 t; **5.** 0,13215 t; 49 Stück;
   6. 6 m³; **7.** 1,8 kg/dm³; **8.** 954,72 kg; **9.** Masse eines Steins: 24,67584 kg; 500 St.

3.5 Kräfte

92   **1.** 7,763 kN/m;

93   **2.** 47,813 kN

3.	Vollziegel	9,604 kN
	Verblender	13,875 kN
	Fundament	20,146 kN
	Gesamt	43,585 kN

93

4. Klinker   6,325 kN/m
Schaumkunststoffplatten   0,088 kN/m
Hohlblocksteine   7,920 kN/m
<u>Gipskalkputz</u>   <u>0,495 kN/m</u>
Gesamt   14,828 kN/m

5. Teppich   0,03 kN/m²
Zementestrich   0,88 kN/m²
Faserdämmstoffplatten   0,03 kN/m²
Stahlbeton B 25   4,5 kN/m²
Gipskalkputz   0,18 kN/m²
<u>Verkehrslast</u>   <u>1,5 kN/m²</u>
Gesamt   7,12 kN/m²

6. Betonzwischenbauteile   69,206 kN
<u>Deckenziegel</u>   <u>70,727 kN</u>
Gesamt   139,933 kN

7. 20,738 kN

94

8. Spanplatten   0,2772 kN/m
Faserdämmstoff   0,014 kN/m
Kunststoff   0,063 kN/m
<u>Verkehrslast</u>   <u>1,4   kN/m</u>
Gesamt   1,754 kN/ m

9. Winkelstufe   0,792 kN
<u>Mörtelbett</u>   <u>0,21 kN</u>
Gesamt   1,002 kN

96

10. a) 700 N; **b)** 2800 N, **c)** 28000 N **11.** 1 cm entspricht 3 kN **12.** 4,6 cm;

13. 6,75 kN **14.** 2 cm entspricht 12 kN

15. 26 N; 1,3 cm **16.** 71 kN

97

17. 25,5 kN

99

18. 1,6 MN/m²; **19.** 11,4 MN/m² > 10 MN/m²; d. h. $\delta_{vor} > \delta_{zul}$; nein

20. 54 kN; **21.** 35,15 N/mm²; 45,675 N/mm²; 39,85 N/mm²

22. δ_{zul} = 0,22 MN/m²; b = 75 cm

100

23. 8,35 MN/m² < 11 MN/m²; Die Belastung ist zulässig

24. A= 0,0254 m²; δ_{zul} = 11 MN/m²; F= 280 kN

100 **25.** $\delta_{zul} = 1,8$ MN/m²; A = 0,0444 m²; l = 0,419 m = 42 cm ;

26. $\delta_{zul} = 20$ N/mm²; A = 42525 mm²; b = 206,6 mm ≈ 20,7 cm

4 Mauerwerk

4.1 Maßordnung im Hochbau

104 **1.** BGF = (5,615 + 2 · 0,02)[(3,375 + 2 · 0,02) + (2,99 · 2 · 0,02)/2] m² = 18,22 m²

NGF = 5,105 · [(2,865 + 2,48)/2] m² = 13,64 m²

KGF = BGF - NGF = 4,58 m²

2.

$$\frac{x}{0,85} = \frac{44,18}{1,25 + 0,85}$$

$x = 17,88$

$y = \sqrt{17,88^2 - 0,85^2}\,m = 17,86\,m$

$z = 44,18m - 17,88m = 26,30\,m$

$W = \sqrt{26,3^2 - 1,25^2}\,m = 26,27\,m$

$a = 17,86\,m + 26,27\,m = 44,13\,m$

A= 44,13 m · 13,50 m = 595,76 m² ≈ 596 m²

l = 1,25 m · 1,5 = 1,875 m

A = 595,76 m² − 1,875 m · 13,5 m = 570,447 m² ≈ 570 m²

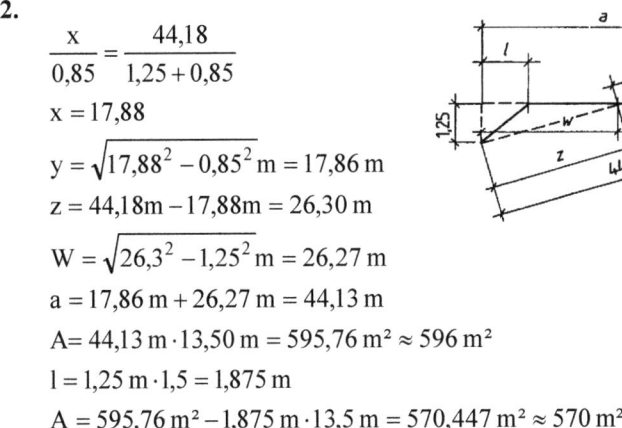

107 **3.** BGF = 221,45 m²;

BRI = 221,45 m² · (3,75 + 0,18 + 3,75 + 0,18 + 0,80) m /2 = 958,88 m³

4. Erdgeschoß h = 2,80 m - 0,18 m = 2,62 m

BRI = 20,30 m² · 2,62 m = 53,19 m³

1. Obergeschoß   h = 2,80 m + 0,18 m = 2,98 m

BRI = 20,30 m² · 2,98 m = 60,49 m³

2. Obergeschoß h = 2,80 m

BRI = 20,30 m² · 2,80 m = 56,84 m³

Summe BRI = 170,52 m³

5. Kellergeschoß

BGF = 7,99 m · 13,865 m = 110,78 m²

BRI = 110,78 m² (2,80 m + 0,20 m) = 332,34 m³

Erdgeschoß

BGF = 13,865 m · 7,99 m - 1,50 m (4,26 m + 0,365 m) = 103,84 m²

Loggia 1,50 m (4,26 m + 0,365 m) = + 7,24 m - 2,375 m = 24,13 m²

Balkon 2,49 m · 1,00 m = 2,49 m²

BRI =(103,84 m² +24,13 m²) · 2,80 m + 2,49 m² (0,90 m + 0,22 m) = 361,11 m³

Dachgeschoß

BGF = 10,365 m ·7,24 m +7,99 m ·(13,865 m -7,24 m) = 127,97 m²

BRI = 127,97 m² · 2,30 m/2 = 147,17 m³

Summe BRI = 840,62 m³

110 6. $\dfrac{x}{3,95\,m} = \dfrac{2\,m - 1,58\,m}{2,95\,m - 1,58\,m}$

x = 1,21 m; A =1,21 m · 5,10 m· 0,5 + 2,74 m · 5,10 m = 17,06 m²

111 7. a) A = 32,10 m · 39,75 m + 13,10 m · 19,55 m² = 1532,08 m²

b) **A** = 0,4 · 1532,08 m² = 612,83 m²

c) A = 1,1· 1532,08 m² = 1685,29 m²; 1685 : 4 = 421,3 m²

4.2 Mauerwerksberechnungen

113 **1.a)** 18,865 m **b)** 12,615 m **c)** 9,865 m; **2.** 3,635 m; **3.** 19 Köpfe;

4.a) 8,885m **b)** 11,01 m **c)** 5,135 m **5.a)** 1,75 m **b)** 0,625 m **c)** 1,125 m **6.** 39 St.

116 **7. a)** 1592 Steine, 1206 l Mörtel; **b)** 3180 Steine, 2409 l Mörtel

c) 532 Steine, 403 l Mörtel **d)** 1262 Steine, 956 l Mörtel

8. 7,596 m²; 380 Steine, 205 l Mörtel

9.a) 112 Steine, 350 l Mörtel **b)** 236 Steine, 741 l Mörtel

c) 579 Steine, 1823 l Mörtel **d)** 514 Steine, 1617 l Mörtel

117 **10.** V= 0,627 m³; 254 Steine, 179 l Mörtel

11. 5,54 m²; 1,33 m³ 366 Steine; 277 l Mörtel

12. 3,993 m³; 1086 Steine; 879 l Mörtel

13. 25,15 m² 30er Mauerwerk; 202 Steine, 24,05 m² 24er Mauerwerk, 193 Steine

119 **14.** 672 l Kalk, 2,69 m³ Sand, **15.** 80 l = 0,08 m³; **16.** 0,21 m³ Sand

17. Gesamtbedarf: 4200 l; 6720 l Ausgangstoffe, 611 l Zement 1222 l Kalk, 4,9 m³ Sand

18. 1638,4 l Ausgangsstoffe, 136,5 l Zement, 273 l Kalk und 1,23 m³ Sand

4.3 Auflagerkräfte

5 Wärme und Wärmeschutz

5.1 Wärmedehnung

| Seite | **5.1 Wärmespeicherung und Wärmetransport** |

5.1 Wärmespeicherung und Wärmetransport

140   **1.** Q = 26775 kJ = 26775 Ws = 7,44 kWh; P = 1,19 €

142   **2.** R_T = 1,38 m²K/W; U =0,72 W/m²K;

143   **3.** R_T = 0,94 m²K/W; U = 1,06 W/m²K

146   **4.** Winter: Q/t = 890,4 W; Herbst: Q/t = 381,6 W;

147   **5.** Winter: Q/t = 252,4 W; Herbst: Q/t = 108 W;

148   **6.** nein, U = 1,30 W/(m²K) ist erforderlich

       7. a) $U_D \le 0,24$ W/(m^{2}K); d = 15,8 cm

        b) U $\le 0,35$ W/(m^{2}K); d = 10,4 cm

       8. $U_D \le 0,30$ W/(m^{2}K), R_{si} = 0,10 m^{2}K/W; R_{sa} = 0,04 m^{2}K/W;

        R_u =0,06m^{2}K/W; (aus Tabelle 12 und 13c); d_2 =11,5 cm $\approx$ 12 cm nach EnEV.

        flächenbezogene Masse der Stahlbetondecke: 2400 kg/m^2·0,14 m = 336 kg/m^2

        > 100 kg/m^2, schweres Bauteil; aus Tabelle 14 folgt R = 0,9 m^{2}K/W; d = 2,6 cm

        für Mindestwärmeschutz (sehr viel kleinere Dicke als bei EnEV).

6 Beton - Schalung – Stahlbeton
6.1 Betontechnologie

153   **1.a)** k = 3; Gesamtwasseranspruch 195 l/m³; **b)** k =3,8; 179 l/m³

       2. k = 4,0; Gesamtwasseranspruch 177 l/m³; 832 l; **3.a)**

Siebweite in mm	0,25	0,5	1	2	4	8	16
Rückstände in %	86	72	59	47	31	19	0

       b)   k =3,1; **c)** 171/m³; **d)** 47,55 kg/m³; **e)** 123 l/m³· 8,2 m³ =1009 l

       4. a) 98 l; **b)** 79 l; **c)** 60 l; **5.** w = 0,51;

156   **6.** 1: 5,2: 0,36; **7.** laut Tabelle Seite 157: 139 l Wasser und 1803 kg Zuschlag; Eigenfeuchte 81 kg; Zugabewasser 58 l;

       8. Konsistenz: steif; 6 Füllungen, 45 kg Zement, 19 l Wasser, 319 kg Zuschlag;

157   **9.** 1860 kg Zuschlag, 177 l Wasser.

6.2 Massenberechnung

159   **1.** 0,273 m³

       2. 31,43 m²

Seite

164   3.

Pos.	Gegenstand	Länge (m)	Breite (m)	Höhe (m)	Fläche (m²)	Inhalt (m³)	Abzug (m², m³)
1	Stahlbetonarbeiten 30er Wand 2· 9,86 m+ 2· 7,26	34,24	0,30	2,60		26,707	
	Abzug						
	Fenster 3	1,01	0,76	0,30			<0,25
	Fenster	0,51	0,30	0,76			< 0,25
	Tür 0,885+2·0,06	1,005	0,20	2,15			
	2,09 + 0,06	0,885	0,10	2,15			0,622
						26,085	
2	24er Wand						
	6,76 +0,15+2,35	9,26		2,28	21,11		
	h=2,60-0,12-0,06-0,14						
	Abzug						
	Kamineinbindung	0,595	0,41				< 1,00
	Türen 2· 2,03+ 0,06	0,885		2,09			3,70
					17,41		
3	15er Wand						
	2,885- 0,48 + 4,135	6,54		2,28	**14,91**		
4	Stahlbetondecke						
	6,76+0,15 + 2,35 +9,26						
	4,135+0,24+2,885 =7,26	9,26	7,26		67,23		
	Abzug: Kamin	0,595	0,41				<1,00
					67,23		

Anmerkung: Bestehen Wand und Decke aus Beton gleicher Güte, werden der Decke keine Auflagerbreiten zugeschlagen.

Tabelle 1 Dichten verschiedener Baustoffe und Lastaufnahmen für Bauten nach DIN 1055 (Auszug)

Baustoff	Rohdichte in kg/m³	Lastannahmen in kN/m³
Mörtel		
Kalk- und Kalkgipsmörtel	1800	18
Kalkzementmörtel	2000	20
Zementmörtel	2100	21
Beton		
Gasbeton	700	7
Leichtbeton	1200	12
Normalbeton bis B 10	2300	23
Normalbeton bis B 15	2400	24
Stahlbeton ab B 15	2500	25
Betonwerkstein	2400	24
Mauerwerk		
Klinker	2000	20
Vollziegel	1600	16
Lochziegel	1400	14
Kalksandvollstein	1800	18
Hohlblocksteine aus Leichtbeton	1200	12
Natursteine		
Granit, Schiefer	2800	28
Basalt	3000	30
Marmor, Travertin, sonstiger Kalkstein	2600	26
Hölzer		
Eiche	750	7,5
Fichte, Tanne	550	5,5
Kiefer	650	6,5
Spanplatte	600	6

Tabelle 2 Flächenbezogene Eigenlasten von Bauteilen nach DIN 1055 (Auszug)

Eigenlasten von Baustoffen	Rechenwert in kN/m²	
Sperr- und Dämmstoffe		
Faserdämmstoffe	0,01	je cm Dicke
Korkplatten	0,012	je cm Dicke
Schaumkunststoffplatten	0,004	je cm Dicke
Holzwolleleichtbauplatten 15 mm dick	0,06	je cm Dicke
25 mm dick	0,05	je cm Dicke
Kunststoffbahnen	0,02	
Putze		
Gipskalkputz, 15 mm dick	0,18	
Kalkzementmörtel 20 mm dick	0,40	
Zementputz, 20 mm dick	0,42	
Deckenplatten		
Stahlbetondecken	0,25	je cm Dicke
Gasbetondecken ($\rho = 0,6$ t/m³)	0,072	je cm Dicke
Fußboden- und Wandbeläge		
Gu0asphalt	0,23	je cm Dicke
Zementestrich	0,22	je cm Dicke
Keramische Bodenfliesen einschl. Mörtelbett	0,22	je cm Dicke
Kunststoffbeläge (z. B. PVC)	0,15	je cm Dicke
Teppichböden	0,03	je cm Dicke
Geschoßdecken		
Stahlbetonrippendecke, einachsig gespannt mit statisch nicht mitwirkenden Füllkörpern DIN 4160, Rippenachsenabstand 50 cm		

a) Betonzwischenbauteile		
Betondichte in kg/m³	1400	2300
Gesamtdicke in cm 21	3,71	4,38
25	3,87	4,55
29	4,11	4,83

b) Deckenziegel		
Ziegelrohdichte in kg/m³	600	900
Gesamtdeckendicke in cm 26,5	3,40	4,00
31,5	3,90	4,65
36,5	4,65	5,45

Tabelle 3 Zulässige Bodenpressung nach DIN 1054 bei bindigen Bodenarten in kN/m²
(Auszug)

Einbindetiefe in m	Gemischtkörniger Boden		
	steif	halbfest	fest
0,50	150	220	330
1,00	180	280	380
1,50	220	330	440
Einbindetiefe in m	Ton		
	steif	halbfest	fest
0,50	90	140	200
1,00	110	180	240
1,50	130	210	270

Tabelle 4 Zulässige Druck- und Zugspannungen für Vollholz in N/mm² für Lastfall H nach
DIN 1052 (Auszug)

Art der Beanspruchung	Vollholz (Nadelholz) Sortierklasse					Vollholz (Laubholz) Holzartgruppe		
	S/7 (MS 7)	S10 (MS 10)	S13	MS 13	MS 17	A	B	C
Biegung δ_B	7	10	13	15	17	11	17	25
Zug II zulδ_{ZII}	0	7	9	10	12	10	10	15
Zug $\perp$ zulδ_{ZII}	0	0,05	0,05	0,05	0,05	0,05	0,05	0,05
Druck II zulδ_{DII}	6	8,5	11	11	12	10	13	20
Druck $\perp$ zul$\delta_{D\perp}$	2	2	2	2,5	2,5	3	4	8

Tabelle 5 Zulässige Druckspannungen für Beton nach DIN1045-2 (Auszug)

Festigkeitsklassen: Normal- und Schwerbeton

Druckfestigkeiten	Mindestdruckfestigkeit	
	von Zylindern in N/mm²	von Würfeln in N/mm²
C 8/10	8	10
C12/15	12	15
C16/20	16	20
C20/25	20	25

Tabelle 6 Zulässige Druckspannungen für Mauerwerk aus künstlichen Steinen mit Normal mörtel nach DIN 1053 (Auszug)

Steinfestigkeits-klasse	Grundwerte δ_0 in MN/m²				
	Normalmörtel der Mörtelgruppe				
	I	II	IIa	III	IIIa
4	0,4	0,7	0,8	0,9	-
6	0,5	0,9	1,0	1,2	-
8	0,6	1,0	1,2	1,4	-
12	0,8	1,2	1,6	1,8	1,9
20	1,0	1,6	1,9	2,4	3,0

Tabelle 7 Abminderungsbeiwerte β für zweiseitig gehaltene Wände nach DIN 1053

Wanddicke in cm	Abminderungsbeiwert β
11,5	0,75
17,5	0,75
24	0,9
30	1
36,5	1

Tabelle 8 Baustoffbedarf Steine

Steine und Mörtel für 1 m² Mauerwerk

For-mat	Wanddicke 5,2 bzw. 7,1		Wanddicke 11,5 cm		Wanddicke 17,5 cm		Wanddicke 24 cm		Wanddicke 30 cm	
	Steine	Mörtel	Steine	Mörtel	Steine	Mörtel	Steine	Mörtel	Steine	Mörtel
NF	3	13	50	27	-	-	100	65	-	-
DF	33	11	66	29	-	-	132	70	-	-
2 DF	-	-	33	20	-	-	66	50	33+	} 58
3 DF	-	-	-	-	33	29	-	-	33	
4 DF	-	-	-	-	-	-	33	40	-	-

Steine und Mörtel für 1 m³ Mauerwerk

For-mat	Wanddicke 17,5 cm		Wanddicke 24 cm		Wanddicke 30 cm		Wanddicke 36,5 cm		Wanddicke 49 cm	
	Steine	Mörtel	Steine	Mörtel	Steine	Mörtel	Steine	Mörtel	Steine	Mörtel
NF	-	-	412	265	-	-	405	278	404	285
DF	-	-	550	288	-	-	540	302	538	305
2 DF	-	-	275	207	110+	} 195	272	220	270	226
3 DF	190	164	186	178	110		-	-	-	-
4 DF	-	-	138	166	-	-	-	-	-	-

Steine und Mörtel für Mauerwerk aus großformatigen Steinen

Steinart	Steinformat in cm	Wand-dicke	je m²		je m³	
			Steine	Mörtel	Steine	Mörtel
Hohlblocksteine aus Leichtbeton	17,5 × 16,5 × 23,8	17,5	11	17	62	97
	17,5 × 49 × 23,8	17,5	8	15	46	85
	24 × 36,5 × 23,8	24	11	24	44	97
	24 × 49 × 23,8	24	8	21	33	85
	30 × 36,5 × 23,8	30	11	29	36	97
	30 × 49 × 23,8	30	8	26	27	85
	36,5 × 24 × 23,8	36,5	16	36	44	103

Tabelle 9 Temperaturdehnzahl α (Längenausdehnungskoeffizient)

Stoff		Temperaturdehnzahl α [mm/m·K]
Mauerwerk	aus porigen Ziegeln	0,006
	Vormauerziegeln	0,008
	Klinkern	0,01
	Kalksandsteinen	0,008
Putz	Kalkputz	0,009
	Kalkzementputz	0,010
	Zementputz	0,010
	Gipsputz	0,018...0,025
Beton	Normalbeton	0,01
	Bimsbeton	0,008
	Blähbeton, unbewehrt	0,006
	Gasbeton	0,008
Glas	Bauglas	0,008
Steingut,	Wandplatten	0,008
Steinzeug	Gehwegplatten	0,008
Metalle	Stahl	0,011
	Aluminium	0,024
	Kupfer	0,017
	Blei	0,029
	Grauguss	0,012
	Zink	0,029
Kunststoffe	PVC	0,08
	Polyäthylen	0,2
	Acrylglas	0,08
	Glasfaserverstärktes Po-	0,02
lyester		0,010
Dämmstoffe	Leichtbauplatten	0,050...0,080
	PS- Hartschaum	0,009
Holz	in Faserrichtung	0,05
	quer zur Faserrichtung	0,03
Asphalt	Harte Asphaltbeläge	

Tabelle 10 Wärmekapazität c

Stoff	c [J/kgK]
Aluminium	800
sonst. Metalle	400
anorganische Bau- und Dämmstoffe	1000
Schaumkunststoffe	1500
Holz und Holzwerkstoffe	2100
Pflanzliche Fasern	1300
Wasser	4200
Luft (Dichte 1,25 kg/m^3)	1000
Eis	2100

Tabelle 11 Wärmeleitfähigkeit λ und Diffusionswiderstandszahl μ (E DIN 4108-4: 2016-07)

Stoff	λ [W/m·K]	μ
Kupfer	380	dicht
Aluminiumlegierungen	160	dicht
Stahl	50	dicht
Granit, Basalt, Marmor	3,5	10000
Sandstein, Muschelkalk	2,3	2/250
Bindiger Boden	2,0	50
Normalbeton (Dichte 2400 kg/m³)	2,0	80/130
Zementmörtel (Mauermörtel, Dichte 2000 kg/m³)	1,6	15/.35
Kalkzementmörtel, Kalkmörtel (Putzmörtel)	1,0	15/35
Kalkgipsmörtel, Gipsmörtel	0,70	10
Gipsputz ohne Zuschlag (Dichte 1200 kg/m³)	0,51	10
Glas	2,0	dicht
Leichtbeton, Dichte 1100 kg/m³	0,55	70/150
Leichtbeton, Dichte 1200 kg/m³	0,62	70/150
Mauerwerk aus Kalksandstein, Dichte 1600 kg/m³	0,79	15/25
Vollziegel, Dichte 1800 kg/m³	0,81	5/10
Lochziegel, Dichte 1200 kg/m³	0,50	5/10
Lochziegel, Dichte 1400 kg/m³	0,58	5/10
Leichthochlochziegel, Dichte 700 kg/m³, NM	0,36	5/10
Porenbetonblock, Dichte 600 kg/m³	0,24	5/10
Porenbetonblock, Dichte 800 kg/m³	0,29	5/10
Gummi	0,17	10000
Holz (Dichte 700 kg/m³)	0,18	50/200
Holz (Dichte 500 kg/m³)	0,13	20/50
Holzwolleleichtbauplatten (Dichte 400 kg/m³)	0,10	5/10
Holzwolleleichtbauplatten (WW; Dichte 250 kg/m³)	0,07	2/5
Gipskartonplatten (Dichte 900 kg/m³)	0,25	8
Korkplatten 055	0,055	5/10
Polystyrol- Hartschaum (EPS) 040	0,040	20/100
Faserdämmstoff 035 (z.B. Mineralwolle)	0,035	1
Polyurethan - Hartschaum 025	0,025	40/200

Tabelle 12 Wärmeübergangswiderstände an Bauteiloberflächen (DIN EN ISO 6849:2008-04)

Richtung des Wärmestroms	Wärmeübergangswiderstand	
	innen R_{si} [m²K/W]	außen R_{se} [m²K/W]
Horizontal ($\pm 30^0$ zur Horizontalen)	0,13	0,04
Aufwärts	0,10	0,04
Abwärts	0,17	0,04

Für die Überprüfung eines Bauteils auf Tauwasserbildung ist nach DIN 4108 Teil 3 mit R_{si} = 0,25 m²K/W zu rechnen.

Tabelle 13 Wärmedurchlasswiderstände von Luftschichten und unbeheizten Dachräumen

Tabelle 13 a Klassifizierung von Luftschichten

Die Querschnittsöffnungen der Verbindungsflächen A_V der Luftschichten zur äußeren Luftschicht dürfen die folgenden Werte nicht übersteigen:

Ruhende Luftschicht	schwach belüftete Luftschicht	stark belüftete Luftschicht
Vertikal 500 mm²/m in horizontaler Richtung	< 500mm²/m < 1500 mm²/m	≥ 1500 mm²/m
Horizontal 500 mm²/m² Oberfläche	< 500mm²/m < 1500 mm²/m	≥ 1500 mm²/m²

Bei einer stark belüfteten Luftschicht wird sowohl der Wärmedurchlasswiderstand der Luftschicht vernachlässigt als auch der der Bauteilschichten zwischen der Luftschicht und der Umgebung.

R_{se} = R_{si} des Bauteils zu setzen.

Tabelle 13 b Ruhende Luftschicht

Dicke der Luftschicht [mm]	Richtung des Wärmestromes		
	aufwärts	horizontal	abwärts
	Wärmedurchlasswiderstand R [m²K/W]		
5	0,11	0,11	0,11
7	0,13	0,13	0,13
10	0,15	0,15	0,15
15	0,16	0,17	0,17
25	0,16	0,18	0,19
50	0,16	0,18	0,21
100	0,16	0,18	0,22
300	0,16	0,18	0,23

Tabelle 13 c Wärmedurchlasswiderstände von unbeheizten Dachräumen R_u nach DIN EN ISO 6946

Beschreibung des Daches	R_u [m²K/W]
1 Ziegeldach ohne Pappe, Schalung o. ä.	0,06
2 Plattendach oder Ziegeldach mit Pappe oder Schalung oder ähnlichem unter den Ziegeln	0,2
3 wie 2, jedoch mit Aluminiumverkleidung oder einer anderen Oberfläche mit geringem Emissionsgrad an der Dachunterseite	0,3
4 Dach mit Schalung und Pappe	0,3

Anmerkung: Die Werte in dieser Tabelle enthalten den Wärmedurchlasswiderstand des belüfteten Raums und der (Schräg)-Dachkonstruktion. Sie enthalten nicht den äußeren Wärmedurchlasswiderstand R_{se}.

Tabelle 14 Mindestwerte der Wärmedurchlasswiderstände R für Aufenthaltsräume mit einer flächenbezogenen Masse von ≥ 100 kg/m^2 (nach DIN 4108-2: 2013)

Bauteile		R [m^{2}K/W]
Wände beheizter	gegen Außenluft, Erdreich, Tiefgaragen, nicht beheizte Räume	1,2*
Räume	(bei Wänden niedrig beheizter Räume)	0,55
Dachschrägen		
beheizter Räume	gegen Außenluft	1,2
Decken beheizter Räume nach oben und Flachdächer		
	gegen Außenluft	1,2
	zu belüfteten Räumen bei ausgebauten Dachräumen	0,90
	zu nicht beheizten Räumen, zu niedrigen Räumen	0,90
	zu Räumen zwischen gedämmten Dachschrägen und Abseitenwänden bei ausgebauten Dachräumen	0,35
Decken beheizter Räume nach unten		
	gegen Außenluft, gegen Garagen (auch beheizte), Durchfahrten und belüftete Kriechkeller (Vermeidung von Fußkälte)	1,75
	gegen nicht beheizten Kellerraum	0,90
	unterer Abschluss von Aufenthaltsräumen, an das Erdreich grenzend bis zu einer Raumtiefe von 5 m	0,90
	über einem nicht beheizten Hohlraum, z.B. Kriechkeller	0,90
Bauteile an Treppenräumen		
	Wände zwischen beheiztem Raum und direkt oder indirekt beheiztem Treppenraum, sofern die anderen Bauteile des Treppenraums Tabelle 14 erfüllen	0,07
	Wände zwischen beheiztem Raum und direkt oder indirekt beheiztem Treppenraum, wenn nicht alle anderen Bauteile des Treppenraums Tabelle 14 erfüllen	0,25
Bauteile zwischen beheizten Räumen		
	Wohnungs- und Gebäudetrennwände beheizter Räume	0,07
	Wohnungstrenndecken, Decken zwischen Räumen unterschiedlicher Nutzung	0,35

Tabelle 15 Anforderungen an leichte Bauteile

Für Außenwände, Decken unter nicht ausgebauten Dachräumen und Decken mit einer flächenbezogenen Gesamtmasse unter 100 kg/m² gilt die erhöhte Anforderung:

Mindestwert des Wärmedurchlasswiderstandes: R ≥ 1,75 m²K/W

Bei Rahmen und Skelettbauten gilt diese Forderung nur für den Gefachbereich. Für das gesamte Bauteil ist im Mittel R ≥ 1,0 m²K/W einzuhalten. Gleiches gilt für Rollladenkästen. Für den Deckel von Rollladenkästen ist R ≥ 0,55 m²K/W einzuhalten.

Undurchsichtige Ausfachungen der wärmeübertragenden Umfassungsfläche, wie z. B. Vorhangfassaden, Pfosten-Riegel-Konstruktionen, Glasdächer, Fenster und Fenstertüren müssen bei beheizten und niedrig beheizten Räumen einen Wärmedurchlasswiderstand R ≥ 1,2 m²K/W haben. Die Rahmen sind bei beheizten und niedrig beheizten Räumen mit einem U-Wert U_f ≤ 0,29 W/(m²K) auszuführen und die transparenten Teile müssen mindestens Isolierglas oder zwei Glasscheiben haben.

Tabelle 16 Höchstwerte des Wärmedurchgangskoeffizienten bei erstmaligem Einbau, Ersatz und Erneuerung von Bauteilen

Bauteil	Gebäude mit Temperaturen	
	>19°C $\quad$ von 12 °C bis 19°C	
	U_{max} [W/(m²K)]	
Außenwände	0,24	0,35
Fenster, Fenstertüren	1,3	1,9
Dachflächenfenster	1,4	1,9
Verglasungen	1,1	keine Anforderung
Vorhangfassaden	1,5	1,9
Glasdächer	2,0	2,7
Fenstertüren mit Klapp-. Falt-. Schiebe- oder Hebemechanismus	1,6	1,9
Fenster, Fenstertüren, Dachflächenfenster mit Sonderverglasungen	2,0	2,8
Sonderverglasungen	1,6	1,9
Vorhangfassaden mit Sonderverglasungen	2,3	3,0
Dachflächen, einschließlich Dachgauben (einschließlich Abseitenwänden), oberste Geschossdecken	0,24	0,35
Dachflächen mit Abdichtung	0,2	0,35
Wände gegen Erdreich oder unbeheizte Räume mit Ausnahme von Dachräumen	0,3	keine Anforderung
Fußbodenaufbauten	0,5	keine Anforderung
Decken nach unten an Außenluft	0,24	0,35

Sachwortverzeichnis